U0155326
胡蜂

泥蜂

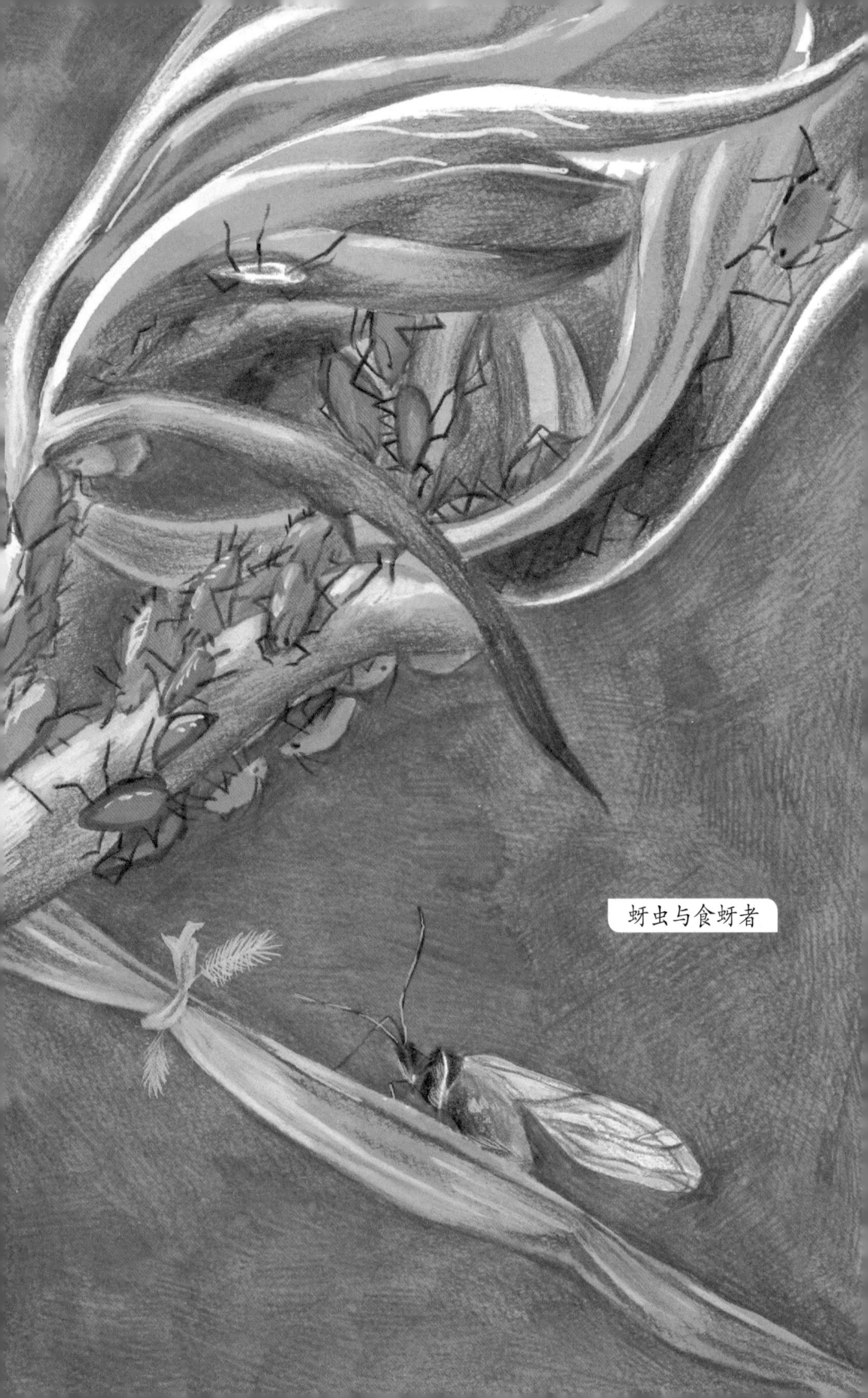

蚜虫与食蚜者

皮金龟

狼蛛

捕食瓢虫
满蟹蛛

绿蝇

麻蝇

昆虫记

［法］法布尔 著

鲁京明 译

北京大学出版社
PEKING UNIVERSITY PRESS

图书在版编目(CIP)数据

昆虫记 /(法)法布尔著；鲁京明译 . — 北京：北京大学出版社，2020.6

ISBN 978-7-301-25110-2

Ⅰ . ①昆…　Ⅱ . ①法… ②鲁…　Ⅲ . ①昆虫学—普及读物　Ⅳ . ① Q96-49

中国版本图书馆 CIP 数据核字（2020）第 080778 号

书　　名　昆虫记
　　　　　KUNCHONG JI
著作责任者　[法]法布尔 著　鲁京明 译
责 任 编 辑　张亚如　陈　静
标 准 书 号　ISBN 978-7-301-25110-2
出 版 发 行　北京大学出版社
地　　址　北京市海淀区成府路 205 号　100871
网　　址　http://www.pup.cn　新浪微博：@ 北京大学出版社
微信公众号　科学与艺术之声（微信号：sartspku）
电 子 信 箱　zyl@pup.pku.edu.cn
电　　话　邮购部 010-62752015　发行部 010-62750672
　　　　　编辑部 010-62753056
印 刷 者　三河市北燕印装有限公司
经 销 者　新华书店
　　　　　650 毫米 ×980 毫米　16 开本　13.25 印张　158 千字
　　　　　2020 年 6 月第 1 版　2020 年 6 月第 1 次印刷
定　　价　29.00 元

导读

Introduction

鲁京明　厦门大学法语系教授

法布尔（1823—1915）

《昆虫记》是法国著名博物学家、作家法布尔（1823—1915）的一部传世之作，在自然科学史与文学史上都占有非常重要的地位，被誉为昆虫的史诗；它是法布尔与自然界众多的“平凡子民”——昆虫共同谱写的一部生命的乐章。《昆虫记》先后被翻译成50多种文字，在世界各地出版。法布尔也被提名为诺贝尔文学奖候选人，可惜诺贝尔奖委员会还没来得及做出最后决议，便传来了法布尔去世的消息。但是法布尔的影响却没有随着时代的变迁而消失，相反到了21世纪的今天，在中国又掀起了《昆虫记》热。

法布尔出生在法国南方的一个农民家庭，家境贫寒，7岁进入乡村小学学习，小学没毕业就随家人迁居到罗德兹市居住，后来一家人又因生计所迫几度迁居，少年法布尔因而不得不外出做工而无法正常读完中学。靠着勤奋努力，他15岁时考上了阿维尼翁师范学校（现为阿维尼翁大学），毕业后当上了中学教师。之后他靠自学，花了12年时间，先后取得好几个学科的学士学位和博士学位。

法布尔怀着对生命的尊重与热爱之情，深入到昆虫世界中，穷一生之力对昆虫进行观察与实验，真实地记录了昆虫的生活。他用大量翔实的第一手资料将纷繁复杂的昆虫世界生动地呈现在人们面前，耗费数十年时间成就了这部经典之作《昆虫记》。

《昆虫记》受到读者的广泛欢迎，主要有几方面原因。一是，《昆虫记》记载的情况真实可靠，详细深刻。二是，文笔精炼清晰，文风质朴，别有风趣。更重要的，还在于其蕴含着深刻的思想，在于法布尔超凡脱俗的个性及哲人般深邃的思考。法布尔向我们展示了昆虫世界从不为人关注的东

荒石园，法布尔的故居，位于法国东南部的塞里尼昂-迪孔塔镇。自1879年起，法布尔一直生活在这里，进行观察、实验及写作。

法布尔在荒石园的昆虫实验室里观察和研究昆虫。

西——昆虫的本能、婚姻、习俗，字里行间充满了作者对这些小生命的悲悯情怀。

我们可以在《昆虫记》里深刻感受到法布尔的这种情怀。他把昆虫看作是朋友、邻居：白边飞蝗泥蜂在他家门槛处的瓦砾地里筑窝；为了进入家门，他特别小心，生怕踩坏了它们的窝，或是踩死正忙着干活的“矿工们”。胡蜂和马蜂是法布尔家的常客，它们来到饭桌上看看它们想吃的葡萄是不是熟透了。在法布尔的眼中，昆虫是有灵性的，他研究昆虫的目的就是要让人类认识和理解纷繁复杂的昆虫世界，了解它们的生活，以及它们与人类的关系。

长久以来，人类总是采取居高临下的姿态，俯视我们周围的那些小生命。在《昆虫记》里我们可以看出，法布尔把自然万物看成是一个生态链，看成一个相互依存的整体系统，在这个封闭的链条上环环相扣，失去哪一个环节这个链条都是不完整的。在大自然中，昆虫是那样的渺小，它们的生命随时受到威胁，它们需要人类的关爱，同样人类也需要它们，人类和自然界的其他生物之间存在着相互依存的关系。法布尔将昆虫缤纷多彩的生活与自己的人生感悟融为一体，启发我们重新审视自己，审视人类与万物的关系。

本书根据《昆虫记》法文原版选译，所选昆虫主要为一些平常容易被忽视的物种，也包括一些蜘蛛。按照现代分类学的定义，蜘蛛不属于昆虫，但法布尔在《昆虫记》中也花了大量的篇幅描写了各种各样的蜘蛛。这并非是法布尔对于分类学知识的不了解，相反，法布尔认为，即使蜘蛛有 8 条腿而不是像昆虫一样有 6 条腿，可“关于本能的研究并不考虑这些”。他还进一步解释，蜘蛛属于节肢动物门，其身体是由一节一节拼接起来的，法语中“昆虫”和“昆虫学”这些名词的语源上也包含了“断成一节一节”的含义。可见，法布尔并不拘泥于分类学的细节，他关注的、倾注热情去探索的是这些生命本身。他科学的态度，以及发自内心的对于昆虫、对于生命世界的关注，同时也唤起我们对大自然的无限向往和热爱。

英国博物学家达尔文盛誉法布尔是“无与伦比的观察家”，法国大文豪雨果称他为“昆虫世界的诗人荷马”。法布尔的《昆虫记》带给我们的，不仅是丰富的知识和阅读的享受，他深邃的思想和他对人生、人与昆虫、人与自然的关系的感悟更是具有启迪作用。他让我们重新审视自己，反思我们对自然界造成的种种破坏。可以说，《昆虫记》不仅是一部昆虫的史诗，还是一部深刻的对人类社会的反思录。

目录

Contents

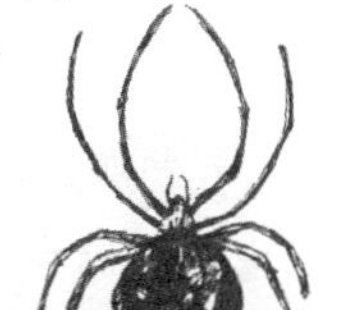

食蚜者

蚜虫[1]

蚜虫很渺小，这是事实，可是它们那么多，好嫩，好丰满啊！它的肚子是个盛着甘露的壶，专供别人饮用。虽然要从成千上万只蚜虫身上才能提取一滴甘露，可是赴宴者有的是时间，而且蚜虫多得取之不尽。蚜虫拥有疯狂的繁殖力，也根本不在乎这样的消耗。它们的殖民地就像一座座工厂，以飞快的速度大批量地为一群更高一级的动物生产食品。我们来瞧一瞧在笃耨（nòu）树[2]上工作的蚜虫。笃耨这种灌木生长在被太阳光钙化了的岩石缝中，它摄取的养分很少，而且受到局限，可它在那吝啬的岩石缝里依然长得很繁茂。在这么贫瘠的地方，它的根能得到什么呢？从岩石中分化出来的一些矿物盐，和偶尔下雨留下的少许水分和凉爽。这就足够了，它枝繁叶茂，把石头变成了可吃的

① 本书小标题为本书编辑所拟。——编辑注
② 笃耨，一种香木，笃耨溢出的脂可作香料，名叫笃耨香。——编辑注

东西。

但是，要利用这种饱含树脂的笃耨树的绿荫，需要一些特殊的消费者。它们得不嫌弃那股怪味，看来爱吃这种植物的昆虫很少，至少我还没见过。没关系，这种流淌着树脂的灌木将免不了为普通的野炊作一份贡献。这种被别的昆虫拒绝的东西，最低贱的昆虫——蚜虫却接受它，把它当作美味佳肴，并不再奢求更好的东西。蚜虫用它的柳叶刀切开树叶，使叶片鼓起来形成一个仓房，躲在里面大量繁殖，并且长得胖胖的。

蚜虫与蚂蚁

蚜虫对来自岩石并经过植物粗加工的物质进行提炼，从中吸取精华，把它变成高级产品。有朝一日，它肚子里的产品经过中介者的传输，也许将为鸟尾提供小脂肪球。[①]

黑色短柄泥蜂

我想认识那些最早开发蚜虫的昆虫，特别希望看到它们的活动情况。偶然的机会帮了我的大忙。那些躲在笃耨树上呈圆泡形、角形或凹凸不平的碉堡围墙里面的蚜虫们，只要不给那些贪恋嫩肉的侵略者留下入侵的裂口，就可以安安逸逸地生活；但是由于干燥而变得疏松的瘿（yǐng）[②]难免会有裂口，而且对于处在迁移期的隐居

① 多数鸟在尾部具有尾脂腺，内含油脂，形成小脂肪球。——编辑注

② 树木受病菌、昆虫等寄生后，外部隆起的像瘤子一样的东西。——编辑注

者来说，裂口是必不可少的。这样，对那些自己不会打开食品罐头的侵略者来说，也就留下了一个掠夺的有利机会。

我那棵笃耨树上最漂亮、最早熟的一些球瘿8月底开始爆裂了。几天后，在炎炎烈日下，我正巧看到一个球瘿裂开三条辐射状的口子，从里面淌出泪滴似的黏液。长了翅膀的蚜虫一个一个慢悠悠地出来了，它们停在门槛上，笨拙地做着起飞前的试飞动作。球瘿里面还有许多蚜虫挤来挤去，正准备动身去旅行。

一只正在捕猎的瘦弱的黑色小膜翅目昆虫匆匆地飞向这个敞开的筐子。这是黑色短柄泥蜂，我经常在蔷薇茎里发现它们的巢房，蜂巢里的储藏物有时是叶蝉，有时是黑色的蚜虫。有8只黑色短柄泥蜂越过笃耨树里流出的浆液，钻进瘿中，它们并不在意自己可能会被粘住。

不一会儿它们就从瘿里叼出一只蚜虫，急匆匆地飞走了。它们要把战利品送到储藏婴儿食品的储藏室里去。尔后很快又回来，叼住另一只蚜虫，再飞走。如此往返，采集工作极其迅速地进行着。这是个极好的机会，它们应该在成群的蚜虫离开之前尽量多捞一把。

有时它们不用钻进球瘿，在门口就能逮住钻出来的蚜虫，得到可意的猎物，这样既迅速，危险性又小。只要瘿还没掏空，劫掠就会以这种令人目眩的方式继续下去。这八名强盗是如何获悉食品罐头已经打开了呢？早来一步的话不可能得

黑色短柄泥蜂

手，因为它们自己无法攻破壁垒，晚来一步就只能得到一些空壳。它们知道瘿开裂的确切时间，因而蜂拥而至。那一个个瘿终于被掏空了，它们撤走了，也许在寻找其他的瘿。

由毛虫变成蛾

许多蚜虫躲过了大屠杀，因为它们有翅膀，黑色短柄泥蜂每次离开的那段时间给了它们逃跑的机会。然而，要是遇上另一种食客——毛虫，它们就会被斩尽杀绝。这种毛虫，身上夹杂着玫瑰红色和棕色，它能找到既完好又装满了尚未长出翅膀的蚜虫的瘿，用大颚猛咬蚜虫住所的肉质隔墙，根本不在乎被咬破的地方会涌出酸涩的树脂来，小口小口啃下来的瘿壳渐渐地在洞眼周围堆积起来。

我饶有兴致地看着一条毛虫劳作，它把大颚伸进洞眼，又是拽，又是咬，然后弯下头部，时而向右摆，时而向左摆，把那些黏糊糊的杂物堆积起来。就这样，在洞眼的周围筑起了一道黏糊糊的坎，木质残渣淹没在一片笃耨树的黏液中。

不到半小时，瘿的外壁就被钻出一个圆洞，正好和毛虫的脑袋直径一般大。脑袋能伸进去，身体也一定能钻进去，毛虫毫无困难地绷直身子，往狭窄的洞中钻。它进去了，马上掉过头来，在天窗上织了一个大网眼丝帘，除此之外洞口不再封盖任何东西。从瘿的伤口里溢出的树脂流淌下来滴在网上，凝成一个坚固的盖子。从此，它便可以安全地住在一个储满粮食的居所里了。这些粮食足够它快快活活地过一辈子。

蚜虫一只一只被扼杀。毛虫吸干它们的汁后，一甩头就将它们抛在了身后。蚜虫的尸骸很快堆积起来，毛虫将它们聚集在一起，用丝粘制

饱满的蚜虫

成一床毡子，作为圣体盒[①]与活着的蚜虫群隔开，同时也便于刽子手逮住身边的蚜虫，随心所欲地狂饮大嚼。

只要节约一点儿，这些食物供它享用一辈子是绰绰有余的，但是毛虫是个败家子，挥霍无度，它杀死的蚜虫比它能吃掉的多得多。对它来说，把这些蚜虫开膛破肚，与其说是为了让它们尽早与那些死尸相聚，倒不如说是一种消遣。因此，屠杀进行得很迅速，里面的蚜虫无一能幸免。

直到蚜虫一只都不剩了，恶魔还没长大，它必须再去撬开其他的瘿。毛虫离开瘿时，要么捅开天窗的出口，要么重新钻一个洞，这对它那好使的大颚来说是件容易的事。如果毛虫有胃口，同样的屠杀将在第二个、第三个乃至更多的

① 宗教礼仪庆典中使用的一种祭器。——编辑注

瘿里重演。现在该考虑蛾的未来了。在风干变硬的瘿里，毛虫用霉变的蚜虫做成一顶大帐篷，把自己围在里面，然后在帐篷中间用漂亮的白丝为自己织成一件衬衣。它将在里面度过冬天，变成蛾。

毛虫能轻松地进入瘿，又能轻松地从里面出来，如同钻孔的工具那么灵巧。但是羽化成蛾之后，它该如何从这样的保险箱里出来呢？和其他鳞翅目昆虫一样，它很柔弱，又没有本领；而且它出生的这个房间不会自动开启，因为蚜虫的死亡中止了瘿的膨胀，使瘿无法胀裂开来，在不变形的情况下瘿一直封闭着，并且变得跟核桃壳一样硬。如果说待在用蚜虫尸骸做的被子里过冬很惬意，那么当野外举行节日庆典的时刻到来时，它一定会感到被囚禁之苦。我简直不明白，一只柔弱的蛾怎么能够从里面钻出来。

毛虫早已考虑到了这一点。春天，在蜕变前，它打开长期以来被一滴树脂封住的出口。如果树脂太硬无法打开，它就重新挖一个直径和第一个一样大的圆孔，正好脑袋可以钻过去。瘿现在已经干枯，不会再往外冒树脂，这个小天窗将畅通无阻。采取了预防措施后，毛虫重新钻进死蚜虫制成的毯子里，准备在里面蜕变。毛虫为蛾出壳所做的准备仅此而已。蛾将从这个小洞钻出来，而且还不会把衣服弄皱。这个问题令我百思不得其解。

7月，蛾从瘿里钻出来，一切都清楚了。毛虫钻好的出口绰绰有余，当然，幸好蛾的翅膀还未张开，而是弯曲成沟槽状紧贴着身体的两侧和背部，为了钻过小孔，蛾把它的服饰卷成半圆筒，做成一个套子。

蛾是怎样从瘿里钻出来的，最终又怎样回到里面呢？

这时的蛾不是我们通常所熟悉的蛾的形状，它卷成了一卷绸缎，而且还是一卷精美的绸缎，很节省空间。绸缎上有白色、棕色和深苋

（xiàn）红色的斑点，第一条白线横贯背部如同一条腰带，前部是深红色的，第二条白线不那么清晰，在翅膀罩上画出一个尖拱，指向后部的第三条线，衣服的后摆有一条灰色的宽流苏边；触角很长，呈丝状垂在背上；唇须竖立着，像尖尖的冠状盔顶饰。这蛾身长 12 毫米。啊！好一个高级强盗，蚜虫的灭绝者！

小苍蝇

其他不会钻洞的虫就利用复叶合拢形成的瘿，这种瘿有的扁平呈绿色，有的隆起或呈纺锤状，或呈月牙状，疙里疙瘩，色彩斑驳。复叶接缝很密，我们肉眼看不出来，可是小苍蝇却知道哪里有缝隙，能准确无误地在接缝处产下一粒卵，一处就一粒，因为一个瘿里的食物不够养活几条蛆虫。瘿随着里面蚜虫的长大而扩张，致使接缝处微微裂开，哪怕只张开一点点儿，等在外面的蛆虫，这位耐心的观察家就会马上插进去，用嘴撬，用臀部拱，从这里启封。现在它进去了，到了蚜虫的家里，房间关得很严，因为缝很快又合起来了。它把蚜虫全吃光以后，将从里面出来，以一只漂亮的小苍蝇的形象出现，那时瘿也将熟透裂开了。稍后我们再来看它们在瘿里因饥饿而大肆吞食蚜虫的伟绩。在分类学上它们属于食蚜蝇科，其中有些在露天工作，更便于我们观察。

正是这个原因使我忽视了那些在笃耨树上工作的刽子手。那些食蚜蝇明目张胆地在别的植物上下手。先不去理睬它们吧。我们还是回顾一下，钻进叶瘿的蛆虫和在开裂的瘿里搜捕猎物的黑色短柄泥蜂，以及在瘿上钻洞的毛虫。

即使只观察这三种昆虫，我也能大致了解生命的转换之术：黑色短柄泥蜂繁衍的后代一样带翅膀，蛆虫变成小苍蝇，毛虫变成衣蛾。它们如果在露天里蜕变，就很容易被路过的飞鸟叼走。这样，来自岩石的物质，首先经笃耨树的作坊加工，其次经蚜虫的蒸馏釜加工，再经过食蚜者的胃加工，最终为燕子营造精美的杰作[①]提供了砾石。

蚂蚁与它们的“奶牛”

如果真的有一份更加完整的仓储和提货计划，那会是一种什么情形啊！居住着蚜虫的一棵小灌木就是一个世界，它既有牛奶场，又有野生动物园；既有肢解畜牲的场所，也有糖厂、肉店和罐头加工车间。为了开发动物质，所有企业都在运作，所有工艺都用上了。这些工厂像我们的工厂一样嘈杂，且工种更繁杂，常常极富创意。让我们在其中一家工厂门口停下来看看吧！

我宁可先察看一种大的金雀花。6月，金雀花的小枝散成丝条状，看上去像灯心草似的，它使那块多石子的土地香气四溢。那黄色的花瓣配上鲜红色的虞美人，装满了一个个带花边的小花篮。花匠们从中取出花瓣作为天然的祭献物，抛向辅祭手中晃动的提香炉冒出的烟雾中。在这盛大的节日里，山上的金雀花盛开着采摘不完的花朵；而我家小院里那朝夕相伴的金雀花，给人带来的则是思想，是知识的小花。

夏天，假如稍稍有一丝凉爽来缓解酷热，就会生长出无数的黑色蚜虫，一只挨着一只，密密麻麻地覆盖在金雀花绿色的树枝上，如同那些生活在野外的金雀花一样。金雀花上的蚜虫腹部末端也长着两根空心腹管，这两根腹管里装着蚂蚁的甜食——糖浆。请注意，在笃耨树上的瘿里，成熟的蚜虫已丧失了这些器械，可能是被囚禁在与世隔绝的地

① 指燕子的巢穴。——编辑注

方，无人来享用它们的糖浆，因而也就不必白费劲去产糖了。但是那些生活在露天、面临垂涎者威胁的蚜虫，却从未忘记生产糖浆。

它们是蚂蚁的“奶牛”，蚂蚁挤它们的奶，即以挠痒来刺激蚜虫排出甜液，小滴的甜汁刚流到管口就被挤奶者喝掉了。这是些有牧羊人习性的蚂蚁，它们把成群的蚜虫圈养在牧场边用小块泥土建造起来的小屋里，足不出户就能挤奶并把肚子填饱。金雀花下的一簇簇百里香被蚂蚁变成了这样的羊圈。

另一些对牧羊术不甚精通的蚂蚁，则采用自然开采法。我看见一伙蚂蚁排着长队往金雀花上爬去，又见另外一伙儿从树上下来，吃饱喝足了，舔着嘴唇，鼓胀的肚子看起来像半透明的珍珠。尽管挤奶工人为数众多并且热情高涨，还是应付不了这么大一群奶牛，于是奶牛角质的乳房便会自动排出涨满的乳汁，随随便便让它流淌；下面的树枝、小树桠、树叶沐浴在甘露下，便裹上一层蜜糖。那些不会挤奶的美食家们成群结伙拥向阳光灼熬着的这些焦糖。胡蜂和飞蝗泥蜂、瓢虫和花金龟，尤其是苍蝇和小飞虫，它们身材各异，色彩缤纷。来得最多的是金绿色的腐尸蝇，它吃完腐尸的脓血之后又来舔食糖浆。无数只苍蝇窜来窜去发出嗡嗡的声响，来了一批又一批，无休无止，争先恐后地吮吸、舔食，刮净残留的糖浆。蚜虫是引诱昆虫的糖厂主，它慷慨地把所有那些在酷暑天渴坏了的昆虫都邀请到自己的糖厂里。

由蠕虫变成食蚜蝇

蚜虫如果本身被当作食物，那它的功劳就更大了。甜食是奢侈品，而肉类则是必需品，有的昆虫部落就整个儿以它为食。我们来回忆一下那些最著名的部落。

一些像李子树的果实那样裹着一层青绿色粉霜的黑色蚜虫，密布在金雀花桠杈上，犹如一个鞘套。它们一个挨一个，屁股露在外面，叠成两层：大腹便便的老家伙在外面一层，一群孩子在里面一层。一只夹杂白红黑三色的蠕虫，以水蛭的步态爬到那群蚜虫身上，它用宽大的后部支撑着，竖起尖尖的头部，突然把头向前一甩，挥舞着，扭动着，然后盲目地把头扎向那层蚜虫，那鱼叉般的大颚不管落在什么地方，都能准确地捕捉到猎物；因为猎物遍地都是，在自己身边的任何地方都有，这恶魔瞎着眼也可以逮住它们。蠕虫伸出叉子，用叉子尖叉住蚜虫将它提起来，马上收进口中，喉塞一伸一缩，像水泵抽水一样把蚜虫吸干，被逮住的蚜虫蹬着腿挣扎一会儿就死了。它猛一甩头，把那皱巴巴的皮扔在一边，马上又转向另一只蚜虫，吸完一只又一只，直到吃得肚满肠圆。这个贪吃的家伙总算吃够了，蜷缩起来，打起瞌睡消化着食物。过一会儿它又重新开始捕食。

那么，在大屠杀中，那群蚜虫在干什么呢？除了一些被拖出去的之外，其余的谁也不动，被捉走的蚜虫周围的邻居也没有显出不安。生命并不重要得非让蚜虫激动地去捍卫它不可，蚜虫想的只是把喙安在一个好地方，又何必因为死亡将至而影响消化呢？周围肩并肩的同伴在消失，一个一个被恶魔抓走，“被吮吸者”们却无动于衷，没有一点儿担心的表示。这种麻木不仁，就如同一根小草面对前来吃草的山羊时一样。

然而，这只黏糊糊的蠕虫爬行时从某处粘起了一些蚜虫，那些被粘起而后又脱落的蚜虫疾步小跑，赶快寻找一个地方重新安顿下来。有时它们爬到敌人的背上让这个魔鬼驮着走，根本不知道魔鬼的胃口大得多么可怕。当其中一只被蠕虫的叉子叉住时，另外一些则被这受害者腹部流出来的黏液粘住，成串地挂在蠕虫的嘴唇上，它们虽然还完好无损，但已经在吞噬机器的嘴边了。这些蚜虫是否会多少做一点儿努力去摆脱厄运呢？丝毫也没有，它们等待着轮到自己被吸干。

屠杀工作进行得很快，更主要的是，屠杀者一点儿也不知道节约粮食，反正粮食吃光了，还会再有。大肚子蠕虫抓住一只蚜虫把它开了膛，这块肉不好，那块肉瞧不上眼，都被扔在一边，立即换了另一块，另一块也被扔掉了，一块一块接连被扔掉。有时它要从许多蚜虫中才能挑中一块合乎口味的，可是对蚜虫来说，有多少只被咬到，就有多少只死掉，因为蠕虫的大颚每次都会给它们造成致命伤。因此，蠕虫爬过的地方，总会留下一堆被吸干了的蚜虫皮，留下一堆死去和正在死去的蚜虫，这就是屠杀者的行径。

我一时好奇想估算一下遇难者的数量，于是就把屠杀者和一根布满蚜虫的金雀花细杈桠装进玻璃瓶。一夜功夫，屠杀者就把 16 厘米长的树枝上满满一层蚜虫都剥下来了，大约有 300 只。这个数字表明，这条蠕虫在两三个星期的生长期内，一共要消耗几千只蚜虫。

昆虫学里把热衷于开膛剖腹的这种虫子变成的美丽的双翅目昆虫称作食蚜蝇。这没有什么特别的意思，只是表明它是小苍蝇。雷沃米尔[①]用一形象的语言把它称作捕食蚜虫的狮子。

草蛉

离停在金雀花上的那群黑蚜虫不远处，竖着一些优美的枝状装饰，装饰上每一根丝线端都有一个小绿球，那是一粒卵，是另一个食蚜者草蛉的卵。那种奇特的产卵方式和悬空摇荡着的卵，让人想起黑胡蜂用的

① 雷沃米尔（1683—1757），法国著名昆虫学家，代表作有《昆虫志》。——编辑注

悬索，它为了使新生的幼虫不受活猎物的伤害，把卵悬挂在从卵室里垂下来的线绳末端。草蛉恰好相反，它们的卵不是垂挂下来的，而是放在高处，一束纤细的圆柱把卵托起来，卵就产在支架上。建构这种特殊装置的目的是什么呢？我和前人一样欣赏这优美的束状，一个产卵支架托着一些卵。我无法理解这种造型有何用途。美观和实用一样，也有其存在的理由，也许这就是唯一的解释。

作为一种可怕的动物，草蛉所缺少的仅仅是高大的身材。它身上长着一束束粗粗的刺毛，足长，踮起脚尖显出一副非常高傲的样子。这只可怕的虫子用肛门做支撑，是个踩着高跷的双腿残缺者。它的大颚像尖端弯曲、中间空心的钳子，插进蚜虫的大肚子，把蚜虫吸干，而无须做出其他的动作。蚁蛉和龙虱幼虫的管状钩也起着同样的作用。第二代草蛉的残忍冷酷程度超出了第一代，就像休伦人把从战俘头上剥下的带发头皮系在腰上那样，它们也把吸干了的蚜虫披在背上，像披着战服一样在蚜虫堆上挑拣、觅食。它们每吸干一只蚜虫，就会在自己的外套上添加一件破衣服。

普通草蛉

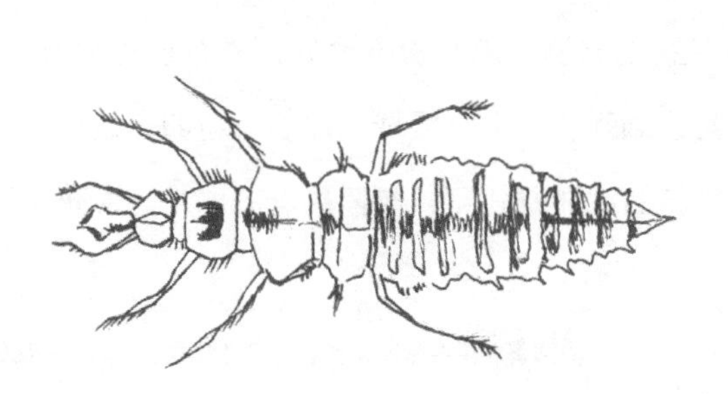

普通草蛉的幼虫

瓢虫

现在我们看到的是高雅的瓢虫家族。最普通的是七星瓢虫，红色的外壳上点缀着七个黑点，俗称瓢虫。普罗旺斯农民把它叫作卡塔里奈多。它的名声不错，年轻的村姑把它放在竖起的手指上，放飞时对它唱道：

告诉我，卡塔里奈多，
我将去向何方，
我将何时出嫁。

瓢虫飞起来，如果飞向教堂就意味着姑娘要进修道院，飞向相反的方向则表示姑娘将要结婚。天真的七星瓢虫占卜术也许是对飞鸟古老崇拜的追忆。这种占卜术肯定不亚于我们能想象出来的其他占卜方法。

瓢虫

令人遗憾的是，这种昆虫那爱好和平的名声与它的习性极不相符。事实总是破坏诗意。说实话，瓢虫是个杀戮者，一个大名鼎鼎的杀手，几乎找不出比它更凶猛的了。瓢虫迈着碎步吃掉一群一群蚜虫，腾出一片空地。它和它那有同样食肉习性的幼虫随意放牧过的树枝，一只活蚜虫也不会留下。

现在我们来看看金雀花下面的情况。在干枯的落叶里有一只幼虫，穿着之考究是我从没见过的。它用皮肤里渗出的洁白的蜡，给自己做了一件带有条纹的蜡衣，使它看起来像一条鬈毛狗。一只白色的小虫，并无优雅可言。当人们要抓它时，它就碎步小跑，犹如一滴奶滴滚到一粒沙子上。古老的博物学家用一个形象的词——长鬈毛猎犬来赞美它。

长鬈毛猎犬也热衷于猎食蚜虫。由于它穿着宽袖的长外套不容易保持平衡，所以宁可在地上拣那些在树上开发密集蚜虫群的瓢虫及其幼虫碰落下来的猎物，在落下的蚜虫中间进行围猎。如果树上掉下来的不够多，它也会冒险爬上树和其他食蚜者一起猎食蚜虫。6 月中旬，在监禁中生长的长鬈毛猎犬蜷缩进枯叶的皱襞（bì）中，变成了铁锈色的蛹，蛹的一半露在棉纱灯芯外套上。两周后，成虫羽化出来了，这也是一只瓢虫，长着一些短短的柔毛，黑乎乎的，每个鞘翅上都有一个大红点。我认为那是橄榄树瓢虫。

蚜茧蜂

食蚜蝇、瓢虫、草蛉都是贪食者和野蛮的屠杀者。我们再来看看其他一些尽管没少干杀戮勾当，却懂得用温文尔雅的方式的杀戮者。它们不是自己享用蚜虫，而是把卵一个一个下在蚜虫的肚子里。我观察到两例：一个在蔷薇上，另一个在大戟上，都属蚜茧蜂科，是携带产卵探测器的小膜翅目昆虫。

我将寄居着大量棕红色蚜虫的一根大戟枝梢，放置于试管中，再放入 6 只携带产卵探测器的蚜茧蜂。我搬动、安置这些操作动作，都不会妨碍它们的工作。从这个试管里，我可以轻轻松松地观察到小小腹内探测者的艺术。

有一只杀戮者正十分放肆地在一群蚜虫背上走来走去，寻找着可意的猎物，它得手了。蚜虫在树枝上密密麻麻，那杀戮者无法直接靠在树枝上，便坐下来，坐在被选中的受害者旁边的一只蚜虫身上，然后把腹部末端挪到前面，以便看清操作工具的尖头。机器一开动，探头就准确无误地朝算好的位置精确插入，而不会杀死受害者。

短而灵巧的尖锐兵器已出鞘，毫不犹豫就扎进了蚜虫的肚子那软绵绵的奶脂囊。被刺的蚜虫没作任何反抗，锐器在不声不响地运作，嚓！好了，一粒卵被放进了肉鼓鼓的肚子里。杀戮者把它的手术刀收进刀鞘，两条前腿相互搓着，用被唾液沾湿的跗节把翅膀擦亮。无疑，这是心满意足的表示：穿刺做得很成功。很快就轮到了下一只，第二只、第三只、第四只……每做完一次仅稍稍歇一会儿，只要卵巢里的卵还没排尽，这样的工作就日复一日地持续下去。

当我一手拿着树枝，另一手拿着放大镜观察时，那些苗条狭小、对自己充满自信的矮个子刽子手正在放大镜下工作。在它们的眼里我是什么呢？什么也不是。我这个庞然大物让它无法看清，它才不过两毫米，长着长长的丝状触角，腹部有一肉柄，肉柄和基部呈红色，其他部位黑里透亮。

蔷薇枝上的绿色蚜虫稍大一些，成虫的腹部和足呈浅红色，若虫较小，纯黑色。也许每一种蚜虫都有相应的蚜茧蜂科昆虫为它接种。

当蔷薇蚜虫被寄生虫噬咬肚肠，感到肠绞痛时，便会离开饮水的树枝，离开群体，相继到附近的树叶上安顿下来，在那里枯萎，变成空壳。大戟蚜虫则相反，它们并不离群，以至于麇（qún）集的蚜虫慢慢变成了一层干壳。接种在蚜虫肚子里的蚜茧蜂科昆虫，为了从那因干枯而变成了小盒子的蚜虫身体里出来，便在蚜虫遗骸的背上钻一个圆孔爬出来，而把空壳留在原地。那个空壳苍白干燥，没有变形，甚至比活蚜虫看起来还胖些。蚜虫的破衣裳在树枝上粘得非常紧，用毛刷还无法把它从蔷薇枝上刷下来，往往得用针撬。粘得这么牢，真让我吃惊。这不可能是因为死蚜虫的小爪嵌入了树叶，而是别的东西在起作用。

我把干蚜虫剥离下来，查看一下底部，它身上有一条像扣眼似的切口纵贯腹部，切口里镶着一块东西，就像我们为了把小了的衣服加大拼接一块布一样。原来这是一块织物，一块布，从它的结构一眼就能看出和那张变得像羊皮纸似的皮不同，这是一块丝织品，而不是皮革。

蚜虫肚子里的寄生虫，预感时候到了，便草草地在空壳里织了一条毯子，然后在寄生的蚜虫肚子里自上而下切开一条口，更确切地说是蚜虫肚子里在不断长大的寄生虫把蚜虫的肚皮给撑裂了。虫子在裂口处吐的丝比别处多，从而在丝与树叶直接接触的地方形成了一条宽胶带。这条胶带不

蚜虫是很多昆虫喜爱的“面包”。

怕雨淋，也不怕风吹和树叶晃动，因此，蚜虫躯壳可以稳稳地粘在那儿，直至寄生虫完成蜕变。

记录到此结束，非常简明扼要。归纳起来说，蚜虫是食品作坊里最早的加工者之一，凭着它坚韧的探器，这位原子[①]的聚敛者对岩石提供给植物并经过植物粗加工的基本物质进行提炼，在它那圆形的蒸馏釜中，微量的汤汁被精炼成了肉这种高级食品。蚜虫再把自己的产品提供给大批的消费者，那些消费者又把蚜虫的产品加工成更高级的产品，直到物质完成循环转移，进入物质垃圾站。垃圾站里堆满了死亡生物的垃圾，而这些垃圾也是构成新生命的砾石。

在地球最原始的时期，假如能采用一种植物开发岩石，再采用一种蚜虫开发植物，这就足够了，因为提炼成生命物质的基础一经奠定，高级动物的诞生就成为可能。昆虫和鸟可以来了，它们将会发现宴席已经备好了。

① “原子”应指小动物，法布尔书中多次将小动物比作原子，有动物虽然体型小，却蕴含巨大能量之意。——编辑注

珠皮金龟

发现珠皮金龟

2月即将结束，气候温暖，阳光和煦，我们全家外出去观赏杏花。篮子里装着孩子们的点心：苹果和面包。吃点心的时间到了，我们在大橡树下休息，这时我最小的女儿安娜一直用她那双6岁孩子明亮的眼睛盯着一只虫子，她在离我们几步远的地方叫道："1只虫子，2只，3只，4只，真好看！来看啊，爸爸，过来看啊！"

我跑过去，孩子手拿着一截树枝，在沙土上翻寻，翻出了一块像毛皮样的东西，上面有毛。我拿了一把小铲子来参与，一会儿工夫我就找到了12只珠皮金龟，大部分是在一块破毛毡和碎骨头里找到的。它们在工作，似乎是在吃这些东西，我搅散了它们的宴席。

这是什么动物的粪便呢？这是要解决的一个基本问题。

珠皮金龟

布利亚·萨瓦兰[1]说："告诉我你吃什么，我就能说出你是谁。"假如我想了解珠皮金龟，我首先得知道它吃什么。读者，请同情博物学家的不幸吧。我探索，沉思，推测，被这个不可明言的粪便问题搅得晕头转向。

这堆多纤维的粪便和谁有关呢？我看出其中的主要成分是兔毛，可能是狗的粪便。在塞里尼昂的丘陵里常有兔子出没，它们甚至在一些美食家那儿享有一定的名气。村里的猎人对这些兔子穷追不舍，而他们的狗，作为偷猎者却不用担心没有捕猎证，以及遭遇上宪兵，一年四季不管是禁猎期还是合法捕猎期，它们为了自己的利益不放弃捕猎兔子的机会。

我认识两条有名的狗，它们叫米拉特和弗朗巴。早晨它们在猎场会合，按规矩相互对视着转三圈，抬腿蹬墙。现在它们出发了，大半个上午在附近的斜坡上，可以听到它们狂吠，它们尾随着兔子从一片矮树丛跑到另一片矮树丛，白尾巴翘着，最后回来了。从它们血淋淋的嘴唇，就能得知这次远征的结果，兔子当场被它们活生生地连皮吞下了。

这是否就能说明珠皮金龟是以这种产品为生呢？我觉得应该是这样，我仿佛觉得从此饲养珠皮金龟就简单了。我将珠皮金龟放在铺了沙土的罐子里，上面罩上金属纱罩，供给的食物是在铺路的石子堆上晒干了的狗屎。可是，我饲养的珠皮金龟不吃，根本不吃。我搞错了，它们到底需

① 布利亚·萨瓦兰，意大利哲学家。——编辑注

要什么呢?

解开珠皮金龟的食物之谜

我每次都是在带毛的粪便下发现这种昆虫的，从不是在别处。在一小块韧皮纤维下隐藏几只珠皮金龟是很罕见的。在它们那紧身鞘翅下，只有退化了的无法飞行的翅膀，它们是靠短腿徒步去到带毛的粪便处。它们在气味的指引下，从遥远的四面八方来到这儿。我还是要问，这块还挺新鲜的、把消费者从那么远的地方吸引来的毛毡，是从哪儿来的?

答案终于找到了，在小山坡上，特别是在附近农场持续进行的耐心的研究，终于让我得到了有决定性意义的粪便。这块粪便像其他几块一样有很多毛，还有珠皮金龟，但这块粪便真像金子，像金步甲的鞘翅发出的光芒。有眉目了！狗即使饥饿时也从不吃鞘翅目昆虫，更不吃有刺激味道的步甲虫。只有狐狸在食物极其匮乏，找不到更好的食物时，才会接受这样的食物；而后不久狐狸就能从兔子那得到补偿，它趁着对手米拉特和弗朗巴休息时，摸黑捕杀兔子。

狐狸的胃肠消化不了的毛也有它的业余爱好者，就像剥下的动物皮毛可为制帽商提供毡毛一样，狐狸的胃肠消化不了的毛也适合衣蛾。没有被鞘翅目食肉虫的肠子消化的，掺杂着粪便的毛，深得珠皮金龟的喜欢。为了不浪费任何资源，这个世界才产生各种爱好。钟形纱罩下的珠皮金龟得到了所需的食品——经消化液浸过的兔毛，因此长得特别好。

食物的获取并不困难，狐狸是附近常见的动物。它在夜间常常从荆棘丛生的小径经过，在农场周围，我轻易地就能找到它留下的带毛的粪便。我的那些珠皮金龟食物充裕。

由于生性不好游荡，再加上吃得好，珠皮金龟看上去对这个新家非常满意。它们整日守在粮食垛上，长时间地进食，一动不动。当我靠近钟形纱罩时，它们立刻跌落下来，过一会儿恢复了平静，便躲到粮食垛下去。这些和平者没有什么特殊的习性，唯一算得上特别的是，它们的交尾期持续长达两个月。在此期间，交尾多次停顿，又多次继续，每次往往时间很短，老是没完没了。

珠皮金龟的幼虫

4 月底，我对那个粮食垛底下进行了一次搜查，在不太深的潮湿沙土里散布着卵，一个挨一个，没有家，没有母亲照管。卵是白色的，呈小球形，和用来射雏鸟的小弹丸一样大，相对于这种昆虫的体形，我觉得它们的卵是相当大的，数量倒是不多，最多不过 12 个，据我估计这就是一位母亲所产的卵的总数。

不久卵变成了幼虫，生长得很快。这是些浑身光溜溜的幼虫，身体是圆柱形的，灰白色，曲体呈弯钩，就像食粪虫的幼虫似的，但不像食粪虫那样背上背着个储存水泥的褡裢（dālian），用于涂抹被掏空了的圆面包内壁，并防止粮食变干燥。它们的头部很壮实，黑里发亮，胸廓的第一节两侧各有一条棕色条纹，足和大颚都健壮有力。

珠皮金龟家族虽然被归为食粪虫类，却有着粗俗的习惯，远不像金龟子、蜣螂和其他家族那么温柔。珠皮金龟家族既不预先储藏食物，也不为幼虫制作一份一份的口粮。哪怕食粪类昆虫中最不灵巧的粪金龟，也会从粪堆里挑出最好的部分做成一根短血肠，并在食物中开辟出一间孵化室，将卵精心地安放在里面。有母亲的关怀，经常也得到父亲的关心，新生儿如愿地得到了足够的供应。这个特权者免受了生活的艰辛。

珠皮金龟家族教育孩子相当严格，却没有关爱。幼虫必须自己冒着风险寻找食物和住处，这对一个吃狐狸粪便的虫子来说可是个大问题。母亲在毛扎扎的垃圾堆里撒下卵，并不为孩子考虑得更多，它自己吃的那块糕点也将是孩子们的食物。

为了观察珠皮金龟幼虫最初的行动，我把一些卵一个个分别放在玻璃管里。管的底部装有新鲜沙土，上面放着从排泄物中提取出的含兔毛的食物。刚孵化的幼虫首先得寻找住所，它们挖掘，为自己在沙土中找一个藏身之处，挖一个垂直的短坑道，然后把几块有营养的毛毡拖进坑道里。食物渐渐吃光了，埋在下面的虫子重新回到地面搜集新的食物。在主要的聚居地，那个带纱罩的罐子里，虫子们也以同样的方式开始和继续它们的行动。

在幼虫们共同开采的这块食物上，每只幼虫都为自己挖一条垂直的坑道，深一指，直径有一支粗铅笔那么粗。在住宅的底部，没有预先堆放的粮垛。珠皮金龟的幼虫不积蓄财富，而是过一天算一天。我撞见过它们，特别是在晚上，发现它们偷偷地上来，从井上那堆粪便中搂起一抱毛，然后马上倒退着下到井里。只要洞里还剩一小点儿毛，它们就不会再出来。当食物吃光了，胃口又来了的时候，它们才重新上来搜集新的食物。

在坑道里频繁地上上下下，坑道的沙壁迟早有坍塌的危险，但是它们采用粪金龟夫妇的办法。当粪金龟一趟一趟地搜集做大肠的原料时，会把牛粪抹在洞壁上，以防坑道坍塌。只是在珠皮金龟家族中，是由幼虫自己来进行加固工作，它们用吃的毛毡把洞壁从头到尾都涂抹一遍。

三四周后，那堆粪便中全部的毛质都消失在地下，被幼虫拖到了狭窄居所的底部。在地面上，只剩下一些骨头渣。成虫藏在洞里，或衰竭或死亡，它们的时代已结束。接近夏至的时候，我得到了第一批蛹。从玻璃容器里我看见它们自己慢慢地转着圈，用背部磨光那个简陋的椭圈形小屋的泥土墙。

7月中旬，成虫羽化出来了。还不曾被它所从事的卑微职业玷污的珠皮金龟，穿着乌黑的护胸甲，戴着一串串覆盖着白色纤毛的大珍珠，前面和中间的跗节裹着鲜艳的棕红色套子，看起来漂亮极了。它来到地面上，找到狐狸的粪便，在里面安家，从此它便成了肮脏不堪的淘粪工。它将蜷缩在粪堆下面的沙土里过冬，直到开春才重新工作。

总之，珠皮金龟是微不足道的。在它的生命史中唯一值得一提的是，它嗜好狐狸的肠胃不接受的东西。我还认识一种有类似的特别爱好的昆虫。当猫头鹰逮到一只田鼠时，会用嘴一下咬住它的脖子把它咬昏，然后将它吞下肚子里脱骨、去毛，好坏的分开是在消化道进行的。它吐出一团毛和骨头，正如狐狸排出的毛一样，这团污秽物也照样有爱好者。我刚刚见到过一个正在工作的爱好者——暗色食尸虫。

兔子和田鼠的毛真的那么珍贵，以至于要为狐狸的肠胃和猫头鹰的肚子无法驯服和利用的残渣找到一些特殊的开发者吗？是的，这种残渣是有价值的，总收益原则迫切要求将它们收回，投入新的开发过程。即使我们那具有极强消化力的工厂也无法保证持续占有这些废毛。

来自羊身上的毛呢，经过纺纱厂和纺织机的加工以及印染厂的染料浸渍，经受了比消化实验更严峻的考验。它是否就不受损害呢？不，衣蛾在与我们争夺。

哦，我可怜的埃尔伯夫柔花呢[①]燕尾服啊，你伴我劳作，你是我经历

① 一种毛呢制品。埃尔伯夫是位于法国南部的市镇。——编辑注

苦难的见证人。然而我却无怨无悔地将你遗弃，就因你是一件农装。你躺在衣柜抽屉里几包樟脑和薰衣草之间，家庭主妇照看着你，时不时地给你关照，然而一切良苦用心都白费了。你被衣蛾损坏，就像鼹鼠毁于蛆虫，游蛇毁于皮蠹（dù）一样，就像我们自己……我们还是别再沿着死亡的深渊追究下去了吧，一切都该回到复新的熔炉中来，死亡不断地向熔炉里注入原料，以期不断开出生命之花。

胡蜂

征服胡蜂窝

征服胡蜂窝该是个冒险的举动。1/4 升汽油，一根一拃（zhǎ）[①] 长的芦竹，和一大团事先揉好的黏土，这些就是我的工具。经过几次收效甚微的试验后，我觉得这些工具是最简便、最有效的。要做的事儿很容易，把汽油灌进胡蜂的巢穴里就行了。一个离地面不远、约一拃长的门厅通向地下室，将液体顺着这条坑道倒入那是笨拙的举动，将会给挖掘工作带来一连串的麻烦，液体在中途会被泥土吸收，少量的汽油不可能到达目的地，等到第二天，人们以为没有危险而动手时，却会在洞口下遭遇一大群愤怒的胡蜂。

用一根芦竹可以预防不测，把芦竹伸进长廊，这条密闭的管道，可以把液体送入洞穴而且毫无损耗。用一个漏斗帮忙可以很快地完成液体的注入，然后马上拿出带来的那块

① 拃是张开大拇指和中指（或小指）两端间的距离。——编辑注

黏土团（因为现场经常没有水，得想到事先把它揉好），用黏土团把蜂巢的出口大面积地封盖起来，剩下的事就只能任其发展了。

大约晚上 9 点，我身背工具包，手拿电筒，和保尔一起出发。我们要做的还是同一件事情。天气暖和，月光微弱，远处的农庄里传出犬吠声，猫头鹰在橄榄树上鸣叫，意大利蟋蟀在灌木丛中合唱。我俩猜着每一种叫声是由哪种昆虫发出的。一个人发问，渴望学到知识，另一个人则尽力回答。捕捉胡蜂的迷人夜晚啊，你补偿了我们失去的睡眠，也使我们忘却了可能会被胡蜂蜇伤的危险。

我们来到了那个地方，将芦竹从那个敏感点伸进了门厅。可能会有一些卫兵从这个警卫营房里冲出来，扑到那只因摸不清长廊的方向而有所迟疑的手上。事先我已经考虑到了这种危险。我俩一人担任警卫，可用手绢赶走突如其来的攻击者。再说，假如以一点浮肿和一时的奇痒为代价能换来一个理论，那么这个代价并不算太昂贵。

这一回，我们没有碰上麻烦。导管到位了，将瓶子里的汽油注入了洞穴，我们听到了地下的居民发出的威胁声。我们飞快地把黏土团堵在洞口上，接着迅速地用脚在黏土上踏几下，让洞口封得更加牢固。然后就没什么事儿可做了，此时是 11 点整，我们睡觉去吧。

黎明时分，我们带着铲和锹又回到了那儿。许多在田间过夜的胡蜂已经醒来，我们挖土的时候它们飞来了，不过清晨凉爽的空气会使它们变得不那么好斗，只要用手绢赶几下就可以把它们赶开。因此，我们得在阳光变得发烫以前抓紧干。

我们在门厅前挖出了一条能满足我们自由操作的宽壕沟，留在里面的芦竹为我们指明了方向。然后再小心翼翼地，一层层向下挖，垂直面被打开了，就这样向下推进了约半米，宽敞的洞里出现了一个完整的蜂窝，悬挂在洞穴的圆拱下。

胡蜂

建造蜂城

这确实是一个精美之作，有中等个头儿的笋瓜那么大，四面均不与洞壁粘连，只有顶端深深地扎进洞壁，牢牢地粘在上面。蜂巢顶上长着各种根须，主要有狗牙根。每当土质柔软均匀使洞穴有可能挖得比较规则时，蜂巢的形状就是圆的。在多石子的地里，圆球就变形了，这里凸出一块，那里凹进一块，这都是因为碰到了障碍。

在纸建筑和地下洞壁之间总是有一条一掌宽的空隙，这是建筑工人在继续扩大和加固建筑物时自由通行的大道。那里只有一条小街，把城市和外界联系起来。在蜂窝的下方，未被占领的空间则要大得多，这块空地变圆了，像个宽大的盆子，有了这块空地，随着一层层新隔室从上往下不断加盖，外套还可以扩大。这个呈小锅底形的容器还是一个大垃圾场，胡蜂的无数垃圾都丢弃和堆积在那里。

洞穴那么宽敞倒是引起了一个问题。胡蜂是自己挖的地下室，这一点毫无疑问，像这样规则、这样宽敞的现成洞穴是找不到的。起初，为了图快，独自工作的蜂城缔造者——母亲，倒是有可能会利用一个意外发现的，也许是鼹鼠挖的藏身洞；但是后来的工程，巨大的地下室，只有胡蜂参与建造。可是那些杂物，边上约半立方的土块到哪儿去了呢？

蚂蚁在家门口把挖出的土堆成圆锥形的小丘。如果在门口堆土也是胡蜂的习惯做法，那么它要把上百升甚至更多的泥土堆起来，得堆成多大的土丘啊！事情远不是那样：在它的门口，没有垃圾，完全是干干净净的。它把那么多土屑弄到哪儿去了呢？

易于观察的几位和平者为我们提供了答案。我们留意观察一只正在疏通一个旧巢穴准备加以利用的石蜂；并监视一只正在打扫蚯蚓洞，准备在那里堆放一袋袋树叶的切叶蜂。它们用嘴叼起一小片垃圾、丝质挂毡碎片或是细小的土粒，充满激情地一跃飞走了，把携带的一点点儿垃圾抛到远处，又扭头马上飞回工地，然后再次飞向远方，它们付出的努力和得到的结果不成正比。也许蜂儿是怕用脚随便把那些微粒扫开会把空地堆满，它必须飞到远处去抛撒那些微不足道的垃圾。

胡蜂也以同样的方式工作。成千上万只胡蜂合力挖掘一个小地下室，根据需要把它扩大。每只胡蜂的大颚里都咬着一小块土，它们到了外面，飞起来到远处把土抛掉，有的飞得较近，有的飞得较远，飞向四面八方。就这样，挖出的泥土被撒在一个很大的范围里，不会留下明显的痕迹。

胡蜂的建筑材料是一种有弹性的灰色薄纸，上面带有白色条纹，颜色因使用的原料不同而不同。按胡蜂的习惯，把纸张做成一大张，这种纸抗寒能力很差。但是如果说气球艺术家会利用夹在一层一层的套子之间的气垫保温，那么普通胡蜂对热力学原理的精通程度并不比它们差，只是用不同的方法达到了同样的目的。普通胡蜂用纸浆制成一张张大大的鳞饰，把它们像铺瓦片那样铺盖在蜂巢外面，并且要铺好几层。这些鳞饰构成了一条粗糙的莫列顿双面呢[1]毡，富有弹性、厚实、充满了静止

① 一种柔软的毛织物或棉织物。——编辑注

的空气。气候宜人的季节，在这个掩蔽所里一定非常炎热。

以精力充沛、骁勇善战而著名的胡蜂行会的排头兵黄边胡蜂，也同样遵循使用圆形轮廓和夹层蓄压空气的原则。它在柳树洞里或是废弃的粮仓角落里，用黏性木质碎片做成一个环绕着金黄色条纹、非常易碎的纸包装袋。它那球形的蜂巢外面裹着瓦片似的，由好几层大块凸出的鳞饰相互焊接而成的外套，每层之间都有很大的空隙，空气在里面静止不动。

黄边胡蜂

胡蜂的愚蠢之处

使用空气来减少散热，在保暖工艺方面，胡蜂走在了我们的前面。蜂窝轮廓采用一种体积最小、容积最大的形状，把蜂房建成节省空间和材料的六面体，这些都是符合物理学和热力学原理的科学方法。有人对我们说胡蜂是通过不断改进才创造出这种合理的建筑物的。因此，当我发现一窝胡蜂全都死于我的计谋时，我简直无法相信；实际上，只要胡蜂稍微动点儿脑筋就很容易挫败我的计谋。

这些杰出的建筑师在这点儿小困难面前竟然束手无策，它们的愚蠢着实令人惊讶。在日常的工作以外，它们全然没有发明和改进蜂巢时的清醒头脑。几个简单易行的实验证实了我的想法。我们看看下面的实验。

普通胡蜂偶然在院子里选定了自己的住所，把巢筑在一条小路旁。我的家人没有一个敢到蜂窝周围去冒险，在那儿走动是非常危险的。必须把这个吓唬孩子的坏邻居除掉。如果我想用那些在野外怕被调皮鬼们打破而无法使用的玻璃容器做实验，这倒是个好机会。

那不过就是一个做化学实验用的钟形罩，趁黑夜胡蜂已归巢，我把地面平整后将钟形罩扣在洞口上。第二天胡蜂去上工，一飞出窝就会被罩住。它们是否会利用罩子下面的缝隙设法逃走呢？这些能够挖出宽敞洞穴的勇士们，会不会想到在地上挖一条短通道使自己获得自由呢？这就是我想弄清楚的问题了。

第二天，强烈的阳光照在玻璃罩上，一大群工蜂从地下爬上来，迫不及待地要去觅食，它们撞在透明的罩上，摔下来，又重新爬起来。一群胡蜂盘旋着挤作一团，有的在吵吵闹闹中折腾得筋疲力尽，落到地面，仍顽强地毫无目的地在那儿走来走去，后来它们回到了巢里。随着阳光越来越热，又来了一批胡蜂，但是没有一只，请注意，没有一只用脚去刨那个可恶的圆罩下的泥土。这种逃跑的方法大大超出了它们的智力。

有几只胡蜂在外过夜。瞧，它们从田野里回来了。它们绕着钟形罩飞来飞去，犹豫了半天，最后，有一只胡蜂决定在罩子下面挖洞，其余的也赶紧来帮忙。一条通道毫不费力地就被打开了，大家都进去了，我由着它们去。当所有的迟归者都回到家，我把那个洞用泥封上，但从洞里仍能看见的那个洞口，也许还会被当作出口，我是有意为囚犯提供挖地道逃跑的机会。胡蜂智力再怎么低下，现在逃跑也完全有可能。由于有刚才的体验，我心想，那些刚回来的迟归者将给其他胡蜂做示范，它们会传授从围墙下挖洞的策略。

我太高估这些挖洞高手了，既没有什么示范，也没有什么经验的传授。在罩子里，没有一只胡蜂尝试那种使它们成功地进入里面的方法。在容器里闷热的空气中，一群胡蜂盘旋着束手无策，徒劳地挣扎着。由于饥饿和高温，它们逐日成批死亡。一个星期后，一只活的也没有了，地上躺着一堆尸体。由于受习惯束缚，没有创新能力，那座“城市”死亡了。

这种愚蠢的行为让人想起了奥杜邦[①]讲述的野火鸡的故事。在几粒黍米的诱惑下，一些野火鸡经过短短的地下通道，进入了被栅栏围住的笼子里。吃饱后，它们想出去，可是从那个一直洞开的入口出去，对这群愚蠢的家伙来说，这个方法大大超出了它们的智力。通向出口的路是阴暗的，光线照在栅栏之间，于是这些火鸡便贴着栅栏转来转去，直到猎人来拧断它们的脖子。

我曾在家里设置过一种捉苍蝇的巧妙陷阱。这是一个开口朝下的长颈大肚瓶，立在三脚矮支脚上，瓶子里的肥皂水在洞口的周围形成环状的湖面，一块糖放在入口的下面作为诱饵。苍蝇们来了，起初，它们看到上头是亮的，便垂直地飞跃起来，进入了陷阱；它们疲惫不堪地靠在透明的围墙上，最后全部被淹死了。因为它们不懂这个基本的道理：从进来的地方出去。

我那个玻璃罩里的胡蜂也是如此：它们会进去，却不会出来。当它们从洞穴里出来时是往亮处走，在透明的监狱里，它们找到了光亮，目的达到了。一道屏障阻止了它们的飞翔，这不假，不过没关系，只要那个区域光线充足就足以让“犯人”上当；尽管它们因撞击玻璃而不断得

---

① 奥杜邦（1785—1851），美国著名画家、博物学家，他绘制的鸟类图鉴是公认的“美国国宝”。——编辑注

到警告，却还是固执地、义无反顾地要冲向更远处的明亮天空。

从田野里回来的胡蜂情形就不同了，它们从明处飞向暗处。此外，即使没有实验者制造的麻烦，想必它们有时也得寻找被雨水冲下来或是被路人踩塌的泥土封住的家门口，在这种时候，突然到来的胡蜂免不了要做这几件事：寻找、清扫、挖掘，最终找到洞口。隔着泥土嗅出家的位置，急切地挖开住所的门，是它们天生的本领。这种本领是上帝赐予这个家族的财富，使它们能在日常的事故中自我保护。这时不需要动脑筋想办法，自打胡蜂来到世上，泥土障碍对它们来说早已司空见惯，它们自然会把土刨开，然后进去。

在玻璃罩下，事情的发展也不外乎是这样的。从地形的角度来看，胡蜂已熟知它们的巢所处的位置，只是无法直接进入而已。怎么办？片刻的犹豫之后，它们便按古老的习惯进行挖掘和清扫，困难被排除了。总之，胡蜂知道如何回家，尽管遇到了一些障碍，因为它所做的事情符合常规，不需要用愚笨的脑子想出什么新点子来。

但是，它们却不知道如何出来，尽管遇到的仍然是同样的困难。胡蜂就像美国的博物学家笔下的野火鸡一样，迷失在这个问题中了。已确认是入口的地方，就该确认它可以作为出口。由于迫不及待地想出去，两者都绝望地挣扎，在光明中累得精疲力竭，谁也没注意地下那条可以轻而易举通向自由的通道。谁也没想到这条路，那是因为这需要动点儿脑子，并且要控制想逃到亮处的一时冲动。

如果需要稍微改变一下常规做法，那胡蜂和野火鸡宁愿死也不愿以过去的教训来告诫今天。

我们把发明圆形巢和六边形蜂房，换言之就是把运用几何学原理解决了用什么形状节省空间和材料这一问题的荣誉归于胡蜂，把气垫外套的发明归功于胡蜂的创造才能，因为我们的物理学家也想不出比这更精巧的御寒外套。这些了不起的发明，怎么竟会是出自这么个智力低下者的头脑，不会把入口变成出口的头脑！如此的奇迹竟然会来自蠢材的灵感！我深感怀疑，这样的艺术一定有其更远的渊源。

蜂窝里的奇异世界

现在我们打开蜂窝厚厚的外套。里面被巢脾[①]所占据，水平排列的巢脾之间靠牢固的支柱连接，层数不是固定不变的而是可变的，在季节末，可达到 10 层甚至更多。蜂房的门朝下，在这个奇异的世界里，幼虫在成长，昏昏欲睡，以颠倒的姿势接受一口口食物。

为了喂养方便，用支柱固定的巢脾之间留有空间。工蜂们不断地在那儿来来往往，忙于照顾它们的幼虫。在外壳和蜂房的立柱之间有侧门，便于通往任何方向。最后，在外壳的侧面有一扇造型并不豪华的城门，这个普普通通的出口隐藏在围墙的纸页下。大门对着地下室通向外面的门厅。下层蜂房比上层的大，专供饲养雌蜂和雄蜂之用，而上层用于饲养身材较小的工蜂。起初，这个共同体需要大量工蜂，需要一些绝对有工作癖的“单身汉”，它们扩大住所，使其成为一座繁荣的城市，之后又为未来的事操心。一些更宽敞的蜂房建好了，一部分归雄蜂，一部分归雌蜂，根据我下面提供的数据，有性别的居民占居民总数的 1/3。

还要注意的是，在有年头的蜂巢里，上层蜂房的隔墙从上到下都被蛀蚀了，成了废墟，只剩下一些墙基沟了。当这个有富裕劳动力的社会只需靠两性的出现来得到完善时，这些房间就没有用了。小房间

① 巢脾是蜜蜂进行栖息、繁殖等活动的地方，由一片呈六角筒状的巢房构成。——编辑注

被铲掉了，纸张又变成纸浆，用于建造大房间作为有性幼儿的摇篮。依靠外来的帮助，拆掉的旧屋用于建造更宽敞的新房间，也许还能提供材料为外壳多添一些鳞饰。懂得节省时间的胡蜂，当家里有可用的材料时是不会不惜代价地到远处去开采的，它也像我们一样知道修旧利废。

在一个完整的蜂巢里，蜂房的总数数以千计。以我做的一个统计为例。巢脾的编号是按时间先后为序，最老的在最上层是 1 号，最新的在最下层是 10 号。

巢脾自上而下的排列顺序	直径（单位：厘米）	蜂房数
1 号	10	300
2 号	16	600
3 号	20	2000
4 号	24	2200
5 号	25	2300
6 号	26	1300
7 号	24	1200
8 号	23	1000
9 号	20	700
10 号	13	300
		总计 11900

显然在这个表格上只能看到大略的统计数字，蜂巢与蜂巢之间会有很大的差别，蜂房数不是非常精确。尽管这些数据有一定的可塑性，可我得到的结果和雷沃米尔的结果非常一致，他在一个有 15 层巢脾的蜂巢里数出有 13000 间蜂房。大师补充说：一个只有 1 万间蜂房的蜂巢里，彼此相邻的蜂房也许每一间里都饲养过不下 3 条幼虫，这样一个蜂窝每年要产出 3 万多只胡蜂。

胡蜂的葬礼

3万多只，和我统计的结果一样。恶劣的季节到来时，这么多胡蜂怎么办？很快我们将会知道。现在是12月，已经出现冰冻，但还不十分严重。我有一个很熟悉的蜂窝，这要归功于为我提供鼹鼠的人，这个正直的人用他的蔬菜弥补了我那几块菜地的匮乏，却只换取了微薄的报酬。尽管与蜂窝为邻给他带来许多麻烦，为了我他还是将蜂窝留在了菜园子里的花菜中间。我随便什么时候都可以去参观。

这个时刻到来了。现在已经没有必要先用汽油把胡蜂憋死，冬季的寒冷想必已经抑制了它们的狂暴，那些麻木的家伙将会相安无事，只要稍加小心，我去打扰它们也不会遭到报复。于是，一大早，我用铁铲在覆盖着白霜的草丛里挖了一条包围沟。工作进展顺利，没有一点儿动静。一个蜂窝出现在我的面前，它吊在地洞的圆拱上。地洞的底部像个圆脸盆，那里躺着些死尸和一些行将死亡的胡蜂；我可以一把一把地将它们抓起来。这些胡蜂好像是感到自己在衰竭，便离开自己的卧室，自己坠入地下公墓，甚至有可能是健康者帮忙把死者扔下去的。纸做的圣物盒可不能被尸体玷污。

在地下室门口的露天地里也有许多死胡蜂。是它们自己出来死在那儿的呢？还是作为卫生措施由活胡蜂将它们运到外面来的呢？我倾向于认为这是速葬，垂死者手脚还在乱动，就被抓住一条腿，拖到尸体示众场去了。这种残酷的丧葬习俗和我们后面还将提到的其他一些野蛮行为是一致的。

在里外两个墓地里，横七竖八地躺着三类居民。工蜂的数量最多，其次是雄蜂。这两者死亡都是自然的事，它们的使命已经完成了。但是未来的母亲，那些腹中怀着许多生命的雌蜂也会死。幸好蜂窝里不是“荒无人烟”，从一个裂缝处我看见了挤来挤去的胡蜂，这些胡蜂足够满足我的计划需要了。我把蜂窝带回去安置好，以便我自由自在地在家中对它们进行一段时间的观察。

肢解后的蜂巢更便于监视。于是我割断粘连的支柱，把一层一层的巢脾分开，然后再重新叠起来，给它们盖上一大块外壳作为屋顶。胡蜂被重新安顿在它们的家里，但数量有所限制，以免数量多了造成混乱。我保留了那些最健壮的，将其余的扔掉。我研究的主要对象——雌蜂约100只。这会儿那些平静的、处于半休眠状态的居民任由我挑选和倒来倒去，没有一点儿危险。只要有几把镊子就够了。我把蜂巢整个儿放在一个带金属罩的罐子里。接下来只要日复一日地观察其变化就行了。

当气候恶劣的季节来临时，胡蜂的数量在减少，造成它们死亡的似乎主要有两个原因，饥饿和寒冷。冬季，胡蜂的主要食物，粮食和甜果都没有了。尽管有地下掩蔽所，冰冻还是给这些饥民以致命的打击。事情果真如此吗？我们去看一看。

胡蜂为什么死去？

放置胡蜂的罐子在我的实验室里。冬天，那儿每天都生火，可为我和我的昆虫带来一些温暖；那儿没有冰冻，一天的大部分时间都能照到太阳。在这个掩蔽所里，胡蜂避免了因寒冷而减员的可能，也不必害怕饥荒。在罩子下有满满一盅蜜，还有葡萄，是从我晾放在麦秸上的最后几串葡萄上摘下来的，以此来变换一下食谱。要是有这么多的粮食，蜂群中还出现死亡，就该将饥饿排除在造成死亡的原因之外。

采取了防预措施后，开始胡蜂的情况还不坏，它们夜晚蜷缩在巢脾里，只有当太阳照在罩子上时才出来。它们来到太阳下，一只挨一只地挤在一起；随后又活跃起来，爬上房顶，懒洋洋地散着步；然后下去到蜜洼边喝一点儿蜜，吃点儿葡萄。工蜂凌空飞起，盘旋着，聚集到网纱上，雄蜂卷起长长的触角，非常活泼，身体较笨重的雌蜂没有参与这些游戏。

一星期过去了，它们光顾食堂的时间很短，但在一定程度上说明了它们生活安逸。然而现在，无缘无故地暴发了死亡，一只工蜂在太阳下，一动不动地躺在巢脾的斜坡上，看起来没有任何不适。突然，它跌落下来，仰面朝天，肚子抖动了一阵，脚蹬了几下，它死了。

雌蜂这边也引起了我的恐惧。我碰巧看见一只雌蜂从蜂巢里滑出来。它仰面朝天，一副打哈欠伸懒腰的姿势，肚子剧烈抽动，一阵痉挛后就一动也不动了。我以为它死了，可它根本没死。经过日光浴这特效活血剂的治疗，它又站立起来，回到巢脾里去了。复元的雌蜂并没有得救。下午，它又遭受了第二次打击，这一次，它真的死了，四脚朝天。

死亡，尽管只是一只胡蜂的死亡，也值得我们深思。我怀着强烈的好奇心日复一日地观察那些昆虫的死亡。其中有一个细节令我震惊：工蜂会猝死。它们来到巢脾上滑下来，仰面朝天地摔在地上，就再也爬不起来了，死得像闪电那么快。它们已经耗尽了生命，被年龄这无情的毒剂扼杀了。当机器的发条松开最后一圈时，机器就停止不动了。

可是城堡里最后出生的雌蜂，根本谈不上年衰力竭，相反它们的生命才刚开始。它们有着青春的活力，因此，当冬季的纷乱笼罩它们时，它们有一定的抵抗力，而那些年老的劳动者则死得很突然。

雄蜂也一样，只要它的角色还没演完，就会努力抗争。我的罐子里有几只雄蜂始终精力充沛，动作敏捷。它们主动接近那些女伴，不过并不强求。姑娘平和地一脚将它们踢开了。这会儿狂热的交尾期已过，这些迟到者错过了好时光。它们将死去，因为它们已经没用了。

从蜂群中很容易认出那些末日来临的雌蜂，因为它们已顾不得梳洗打扮了。它们的背上沾着泥，而那些健康的雌蜂一旦在蜜碗边上恢复了体力，便会待在太阳底下，不停地掸着身上的灰尘。它们靠后腿的跗节轻柔而又有力地伸缩，不停地刷着翅膀和肚子，前足的跗节在头部和胸部抹来抹去，因而黑白相间的服装保持着光亮。那些虚弱的雌蜂则不讲究卫生，待在太阳底下一动不动，或者无精打采地漫步，它们放弃了梳洗。

对梳洗不在意是个不祥的信号。果然，两三天后，满是污垢的雌蜂最后一次走出蜂巢，来到屋顶上享受一次阳光；接着无力的小爪失去了支撑，它轻轻地飘到地面，就再也没起来。它不能死在心爱的纸屋里，胡蜂的法律规定房间里必须保持绝对干净。

如果那些有疯狂洁癖的工蜂在场，一发现行动不便者就会把它们拖出去。可是作为严冬时节的第一批受害者，它们已经死了，垂死的雌蜂只能以跳进地下坟墓的方式为自己举行葬礼。如此众多的胡蜂住在一起，为了大家的健康，这样做是必要的。这些禁欲主义者拒绝死在巢脾间的蜂房里，最后的幸存者也得把这个违背常理的规矩贯彻到底。对它们来说，这是个永远不能废除的法令，不管居民如何少，任何尸体都必须远离婴儿室。

尽管室内很温暖，尽管还有健壮者来喝那碗蜜，我那只罩子下的居民还是在日益减少。临近圣诞节时，只剩下 12 只雌蜂了。1 月 6 日，一个下雪天，最后一只雌蜂也死了。

是什么原因使我的胡蜂全部死亡了呢？我的照料已经使它们避免了

我最初以为的可能引起死亡的那些灾难。它们有葡萄和蜂蜜吃，没有挨饿；它们有炉火取暖，也不曾挨冻；它们几乎日日沐浴着阳光，而且住在自己的蜂房里，也没有遭受思乡之苦。它们究竟死于何因？

我明白雄蜂的死因。它们已经没有用了，因为交尾已经完成，已经留下了众多的生命萌芽；对工蜂的死我还不能解释得很清楚，春回大地时，它们本可以在建立新的殖民地时帮上大忙；我一点儿也不明白雌蜂的死因。我有将近 100 只雌蜂，可是没有一只能活到新年初。10 月和 11 月刚从蛹壳出来时，它们有着青少年强健的体魄，它们是未来，它们虽然承担着生儿育女这一神圣职责，但没能保全性命。它们也像那些因衰弱而没用了的雄蜂以及那些被劳动耗尽了体力的工蜂一样死去了。

不要把它们的死归罪于被囚禁在罩子里，在田野里，也发生了同样的情况。我在 12 月底观察过的那些蜂巢出现了相同的死亡率，死掉的雌蜂相当于剩下的居民数。

这只是个推测数，也就是说蜂窝里有多少雌蜂，我不知道，然而殖民地的坟墓里众多的雌蜂尸体告诉我，它们应该是数以百计，甚至数以千计。只要有一只雌蜂就能建立起一个有 3 万居民的城市，如果每只都生育，那将是多么可怕的灾难啊！胡蜂将一统乡间。

事物的法则要求大多数死去，不是死于偶发性的传染病和恶劣的气候，而是死于不可抗拒的命运，它以同样的狂热去摧毁，也以同样的狂热去发展。由此产生了一个问题：既然只要有一只雌蜂得到这样或那样的保护，就足以保住它们的种族，那为什么一个蜂巢里还有那么多准母亲呢？为什么是一群而不是一个？为什么有那么多受害者？对这个错综复杂的问题，我简直理不清头绪。

胡蜂面临的灾难中，最严重的莫过于冬天的到来。预感到身体开始衰竭，此前一直很温柔的保育员工蜂变成了野蛮的灭绝者。它心想：“不能留下孤儿，我们死后就没人照顾它们了。把晚熟的卵和幼虫统统杀掉。暴死最好是在饿得奄奄一息的时候。”

于是对无辜者的屠杀开始了。幼虫被揪着脖子从蜂房里拽出来，拖到蜂巢外面，推进地下室底部的尸坑，那些纤细的卵被剖开、嚼碎。我是否有可能见到这座城市悲惨的结局呢？我不指望看到所有的恐怖场面，这是远远超出条件限制的奢想，但至少可以看见某些场面吧。我们试试看吧。

用旧房子盖新房子

10 月，我把从窒息中抢救出来的几块巢脾放在罩子里。如果我减少汽油的剂量，就很容易得到一大堆只是一时被熏昏了的胡蜂，并能保证在收获时没有麻烦，在露天，汽油很快就挥发掉了。还应该注意的是，即使剂量加大到能够杀死所有成虫，幼虫照样不会死。当有着精巧的身体构造的成虫死去时，这些只有一个消化食物的肚子的幼虫却能抵抗住。由于它们摆脱了不幸，我才得以把一部分住着许多卵和幼虫，并且有上百只工蜂充当仆人的蜂巢，安顿在大笼子里。

为了便于观察，我把巢脾分开，一个挨一个地放在一边，蜂房门朝上。这种放法颠倒了常规的朝向，但这对囚犯们好像没什么妨碍。它们很快地从骚乱中恢复过来，又开始工作了，就好像根本没发生过什么不寻常的事儿一样。当它们要盖房子时，我提供了一块木质较软的小木板供它们使用。最后我把蜂蜜涂在一条纸带上给它们食用，而且每天都换新的。我用一个扣着金属罩的罐子来代替地下室，再用一个纸做的圆屋顶罩在上面，顶盖是可以拿掉的。这样既能满足胡蜂在暗处工作的需要，也能保证我在观察时有亮光照明。

工作一天天地继续着。它们既要照顾幼虫又要盖房子，建筑工在居民最密集的巢脾周围建起了一道围墙。它们是否想重建被灾难毁灭的家园，建一个新的外壳呢？从工程的进展来看似乎不是，它们只是继续着被那可怕的汽油瓶和铲子打断了的工作，用纸鳞片建起了一个只能围住1/3巢脾的圆拱，这个圆拱想必是要和未被损坏的蜂巢外壳连在一起。它们不是重建，而是继续建造。

然而这个像帐篷似的外壳，只遮住巢脾的很少一部分。这不是因为缺乏材料，首先它们有那块小木板，依我看，从小木板上可以刮出优质的木浆。可是胡蜂连碰都不碰那块木板，也许是由于我没真正了解胡蜂“造纸”的秘密而找错了材料。

与其用这些要付出昂贵的代价来开发的原材料，它们宁可用那些已报废了的旧蜂房。那里有现成的纤维毡，只要将它再化成纸浆就行了。只要花费一点儿唾液，把纤维毡放在大颚里，稍微嚼一嚼就能造出优质产品。没有居民居住的房子因此一点一点儿被拆掉，被蚕食，直至连根铲除。胡蜂用废墟建起了一个床顶，如果有必要，它们还将用同样的方法盖起新的蜂房。我们根据高于被摧毁的蜂房的新蜂房所做的推测已得到了证实：胡蜂用旧房子造新房子。

胡蜂幼虫是怎样进食的？

比起建屋顶这件事来，幼虫的进食更值得研究。人们是不大可能亲眼看见那些工蜂的表演的。它们先是温柔的保育员，之后又会变成粗鲁的剑客。这是个用营房改造的育婴室。在这里，工蜂对幼虫的养育是多么周到，又是多么细心啊！我们来看看其中一位保育员是如何忙碌的。它腹中装满了蜜来到一间蜂房门前停下，将头探进门里，像是在凝思；它用触角轻触那个隐居者，婴儿醒来了，就像小鸟看到妈妈口含食物回到窝里时那样，伸了个懒腰。

过了一会儿，醒来的幼虫晃了晃脑袋；它是瞎子，得靠触摸找到工蜂喂过来的粥。两张嘴凑在了一起，一滴蜂蜜从保育员的嘴里流到了婴儿嘴里。这个已经喂得差不多了，该轮到下一个了。工蜂走了，到别的地方去继续它的喂养工作。

而幼虫呢，用舌头舔了一阵脖子下面。在喂食的时候，那个地方有一个突出的围嘴，一个暂时的甲状腺肿块形成的碗，接住从嘴唇滴下的食物。大量的食物咽下去以后，幼虫还得收拾干净掉在肿块上的残渣，才算完成了进餐。随后那个突出的肿块消失了，幼虫的身子往房间里头缩了缩，又进入了甜甜的半睡眠状态。

为了进一步研究这种奇怪的进食方法，我临时捉来一些强壮的黄边胡蜂幼虫，将它们一只一只地插入纸套，那儿将是它们的家。如此裹上襁褓之后，我那些大胖娃娃们已一切准备就绪，我可以在亲自给它们喂食的时候对它们进行观察了。

在我小的时候，我习惯用手指拍打待哺的麻雀的尾羽，这样醒来的麻雀马上会伸懒腰，准备接受食物。我私下以为鸟类的哺育方法始终值得提倡。要想引起黄边胡蜂幼虫的食欲，根本没有任何必要让它先兴奋起来。我只要一碰它的窝，它就自己打起哈欠来，这条幸运的小虫有一个总是不知疲倦地接纳食物的胃。

我用一根滚淌着如珍珠一般的蜜滴的麦秸把美餐送入它的大颚。食物太多了一口吃不了，于是它昂首挺胸，形成一个突出的肿块，过剩的食物掉在上面。等它把送到嘴里的一勺食物吞咽下去后，才不慌不忙地把掉在肿块上的食物一口一口吃干净。当一粒食粮都不剩了，胸前的盘子也彻底被舔干净时，肿块便消失了。那只幼虫又一动不动了。有了这个暂时存在，突然之间隆起，又会突然之间消失的肿块，进食的幼虫下巴底下就像搁了一张小桌，无须别人帮忙就可以自己把点心吃完。

饲养在我的网罩里的胡蜂幼虫是头朝上的，从它们的嘴唇上掉下的食物都积在那个甲状腺肿块里。而正常的蜂窝里的幼虫是头朝下的，采取这种姿势时，胸前突出的肿块是否有这样的用途呢?

幼虫只要将头部轻轻弯一下，总是可以把一些美味食物放在这个突出的围嘴上，食物有黏性能粘在上面。再说这也不能说明不是保育员自己把嘴里过剩的食物存放在那儿的。不论是在嘴巴上面还是在嘴巴下面，也不论是头朝上，还是头朝下，挂在胸前的盘子总是能起作用，因为食物有黏性。这是一个临时性托盘，它能缩短喂食时间，使幼虫可以从容地进食而不至于噎着。

蜂蜜里加了野味

在网罩里，我那些胡蜂吃的是蜂蜜。一旦肚子里装满了蜜，它们就吐出来给幼虫吃。保育员和婴儿似乎都很适应这种饮食。然而我知道它们通常吃野味。在回忆录的第一卷中我讲述了普通胡蜂捕捉尾蛆蝇和大胡蜂猎捕家蜂的故事。猎物一旦被抓住，尤其是大个的双翅目昆虫，便被肢解，头、翅膀、脚、肚子没有肉的部位被大剪刀一一剪去，剩下肌肉丰满的胸脯，被当场绞细做成肉丸，作为战利品运回蜂巢里供幼虫饱餐。

于是，我往蜜里面掺了一些野味。我把一些尾蛆蝇放到网罩里，最初新来者没遇到什么麻烦。好动的尾蛆蝇在网罩里嗡嗡叫着，不停地飞来飞去，撞在网纱上也没有在大笼子里引起什么反应。胡蜂并不理睬它们。如果其中一只尾蛆蝇太逼近一只胡蜂，胡蜂便威胁地仰起脑袋，不必再有进一步的举动，尾蛆蝇便逃走了。

在涂着蜜的纸带周围，情况更严重，这个食堂频繁地被胡蜂们光顾，只要有一只在远处嫉妒地张望着的尾蛆蝇决心靠近，正在就餐的胡蜂中就会有一只离开群体，去追击那个胆大妄为者，它拉住那家伙的一条腿，让它滚蛋。只有当尾蛆蝇不慎涉足胡蜂巢脾时，才会遭遇严重后果。这时一群胡蜂会扑向那个倒霉蛋，报以拳脚，把它打得滚来滚去，然后再把这个被打瘸了腿的家伙，有时可能是一具尸体拖出去。尸体是受到蔑视的。

我的一次次尝试都是徒劳的，我没能再次见到以前在紫菀（wǎn）花上见到过的情景：被俘的尾蛆蝇被绞成肉泥留给幼虫吃。也许这种滋补的肉食品只在某些时候派上用场，而在我的网罩里还没到时候；也许还因为蜜被看作是比肉更好的食物，我一直倾向于这种看法。对我的囚犯们而言，蜜很充裕，每天都有鲜蜜供应。婴儿们很习惯这种饮食，苍蝇的尸体遭到了蔑视。

但是在田野里，初冬秋末时，糖厂主变成了吝啬鬼。由于缺乏甜果肉，胡蜂不得已而接受野味。尾蛆蝇做成的肉丸很可能对胡蜂来说是二流食物。我提供的尾蛆蝇被拒绝似乎证明了这一点。

不速之客

现在该轮到长脚胡蜂了。它的体形和它那不折不扣的胡蜂外衣也丝毫不能使人敬畏。假如它胆敢靠近那些胡蜂正在吸食的蜜，一经被认出来就会和尾蛆蝇一样遭斥责。尽管如此，双方都不会使用螫（shì）针，

不值得为这种餐桌上的争吵舞刀弄枪。较弱的一方长脚胡蜂感觉不自在便离开了。然而，它还会再来；它那么顽强，以至于那些就餐者最后只好让它在旁边入座。尾蛆蝇却很少得到这种意外的收获。然而这种宽容并不长久，假如长脚胡蜂冒险飞到巢脾上，这就足以引起胡蜂无比的愤怒，它们会将这位不速之客置于死地。不，闯入胡蜂的家是没有好结果的，哪怕外来者穿着同样的服装，有着同样的本事，几乎就像它们的同伴。

长脚胡蜂

我们再用熊蜂做个试验。这是一只雄性熊蜂，个子很小，身着棕红色服装。尽管没有受到过多的斥责，这个可怜的家伙每次靠近一只胡蜂时都遭到威胁。然而这个冒失鬼从网罩上跌下来，掉在了巢脾上一些正忙着做家务的保育员中间。我睁大眼睛要看清这场悲剧的发展，一个保育员抓住它的脖子，在它的胸口刺了一刀，随后熊蜂呈伸懒腰状，腿抽动了几下，死了。另外两只胡蜂过来帮助凶杀犯把死尸拖出去。还是那句话：不要进胡蜂家门，不管是意外也好，没有恶意也好，闯入胡蜂的家绝没好下场。

再举几个胡蜂以粗暴的方式迎接陌生者的例子。我没有刻意选择受刑者，只是利用碰巧得到的昆虫。我家门前的一棵蔷薇上有一些三节叶蜂的幼虫，幼虫的外形像毛虫，我把其中一只放在那些照看蜂房的胡蜂中间，面对这个身上带黑点的绿色怪物，那些忙碌的保育员惊呆了，它们凑过去看一下就跑开了，然后又重复同样的动作。其中一位保育员勇敢地突然咬住它，把它咬出了血。其他保育员也效仿着，用大颚咬，随后用力拖那个伤号。幼虫拼死抵抗着，一下用前足勾，一下用后足勾，这家伙并不太重，可它像挂在钩子上似的无法被征服，然而经过多次攻击，也因多处受伤，它渐渐衰弱下去。这条幼虫被从巢脾中拖到了笼子里，浑身血淋淋的。为了驱逐这外来客，胡蜂花了两个小时。

对付三节叶蜂的幼虫时，胡蜂们没有用细螯针即刻结束抵抗者的性命。也许它们认为那条可怜的虫子不值得它们动用这种武器，毒匕首这种迅速致死的武器似乎要留到关键时刻使用。熊蜂和长脚胡蜂是怎么死的，一条刚从死樱桃树下拖出来的天使鱼楔（xiē）天牛的幼虫也将怎样死。我把那条幼虫扔在巢脾上，这个拼命扭捏作态的怪物从天而降，引起了胡蜂们的不安。五六只胡蜂一道攻击它。首先轻轻地咬它，后来用细针刺它，仅用了两分钟，这条遇刺的胖虫子就死了。至于把这个庞然大物抬出去，那就是另一回事儿了。事情可没那么简单，它太重了，实在是太重了。胡蜂该怎么办呢？由于挪不动它，胡蜂就当场把它吃了，或者更确切地说是喝它的血，把它吸干。一小时后，笨重的尸体变得软绵绵的，重量也减轻了，然后被拖到了墙外。我后来的记录只是不断重复着同一个结果。如果外来客保持一定距离，不论它的种族、服饰、习惯有什么不同都会得到宽恕；假如靠近，胡蜂就会向它发出警告，把它赶走；假如它来到蜜洼边，而且胡蜂已经在食堂就座了，那这个大胆之徒很少不挨揍，不被从宴席上赶走。到此为止，胡蜂只要采取一些没有什么严重后果的攻击就足够了。但是如果谁犯下了闯入巢脾的罪行，那它就完了，它会被针刺死，至少也会被胡蜂用大颚撕裂肚皮。它的尸体将会和其他垃圾一起被扔进城堡的底层。

在我堆放鼹鼠和游蛇尸体的悬空的公共尸坑里，我时常看见最大的一种隐翅虫——颚骨隐翅虫，它路过此地顺便在腐尸堆下停留一会，随后便到别处继续它的工作去了。胡蜂尸堆里也有一些短鞘翅常客。其中我常见到的是长着棕红色鞘翅的闪光隐翅虫，但这儿可不是它的临时客栈，而是带着它的一家子，在此安家落户。我还在那儿见到鼠妇和属于马陆类的类千足虫，两者都是次要消费者，也许它们吃的是腐殖土。

尤其值得一提的是一种杰出的食虫目昆虫，哺乳纲中最小的动物——鼩鼱（qújīng），它比小鼠还小。在胡蜂家族覆灭时期，当身体的不适已经让胡蜂好斗易怒的情绪平息，这个尖嘴客人便溜进了胡蜂的家。一群垂死的胡蜂经过一对鼩鼱的开发很快化为一堆残渣，得由蛆虫来完成清除工作。

那些废墟也该灭亡了。一只普通衣蛾，一只很小的长着棕红色鞘翅的闪光隐翅虫和一只身穿鳞状金色绒衣的二星毛皮蠹幼虫蛀食了层板，使那座蜂巢倒塌了。春回大地时，那座有 3 万居民的胡蜂城堡就只剩下了几撮灰土，几片灰色的破纸片。

蜂蚜蝇

胡蜂巢里的特别宾客

再说说灰纸小城堡下，丢弃胡蜂死尸的垃圾坑。为了给新住户腾出住房，死幼虫和体弱的幼虫被不断地从蜂房里驱逐出来扔进那坑里；秋末初冬时被屠杀的晚熟的幼虫也被扔在里面，最后大部分地方都躺满了初冬时被杀的成群幼虫，当11月和12月大毁灭时，这个坑里已经堆满了尸体。

如此多的财富不会没有用。如果死胡蜂幼虫被扔在地上，夜莺和它的美食竞争者常会到胡蜂窝周围去。但是，现在这些好吃的东西被扔进地下室里了，没有一只小鸟敢深入黑暗的地洞，再者对它来说通道也太窄了。这儿需要的是别的个头小、胆子大的消费者。那当然非双翅目昆虫和它们的幼虫莫属了，因为它们是吃死尸大王。绿蝇、蓝蝇、麻蝇在野外从事各类尸体带来的营生；另一些苍蝇则有专营范围，它们在地下“经营”胡蜂的尸体。

9月，我们将注意力放在胡蜂巢的外壳上。在胡蜂巢外壳表面，也只有在那里散布着一些白色的椭圆形大斑点，紧紧地粘在灰纸上，约有2.5毫米长，1.5毫米宽，底面平坦，上面凸出，而且白得发亮，这些点就像是有规律地从硬脂蜡烛上滴下的蜡滴。它的背部有很细的横纹，精细的花纹要借助放大镜才看得清，这种奇怪的东西散布在整个外壳表面，时而稀疏，时而密集，或多或少像密布的群岛。这是蜂蚜蝇的卵。

与蜂蚜蝇的卵一样粘在外壳上的，还有另外一种白垩[①]似的披针形的卵，身体上有六七条细细的纵向凸纹，像某种伞形科种子一样，细微的斑点完美地散布在整个外壳上，数量只有前一种卵的一半。我看见有一些已变成幼虫爬了出来，这大概就是我们在地下室底下见到过的那种蛆刚出壳时的模样。我的饲养试验还未完成，还不能说出这是哪一种双翅目昆虫产下的卵。我只是顺便记录下这个无名氏。还有其他许多无名氏，只能先让它们隐姓埋名了，因为胡蜂家的废墟里有那么多身份复杂的宾客混在一起。我们只能照顾那些最显赫的人物，它们中最重要的是蜂蚜蝇。

这是一种了不起的强健的苍蝇，它穿着黄色和褐色横条相间的服装，乍看起来与胡蜂的衣服很相似。那些时髦的理论把蜂蚜蝇夸耀成是利用黄褐二色拟态的典型例子。就算不为自己考虑，至少为了家庭，蜂蚜蝇也不得不作为食客进入胡蜂家。人们说它施展诡计，穿上它的受害者的衣服，在胡蜂巢里，安心地忙着自己的事儿，以至于被当成了胡蜂巢里的居民。

天真的胡蜂被一件粗粗仿制的衣服所蒙骗，以及卑鄙的双翅目昆虫

① 白垩是一种微细的白色沉积物，是古生物的残骸积聚形成的。可用于制造粉笔等。——编辑注

蜂蚜蝇

靠乔装打扮来隐藏的说法，让我无法相信。胡蜂没有那么愚蠢，蜂蚜蝇也没有人们所说的那么狡猾。假如蜂蚜蝇竟敢以外表来蒙骗对方，显然它的化装并非是最成功的。光有肚皮上的黄色条纹装不成胡蜂，首先还得身材苗条，动作敏捷，而蜂蚜蝇却身材矮胖，姿态笨拙。胡蜂永远也不会把这个笨重的家伙和自己的同类混淆起来。

可怜的蜂蚜蝇，你模仿的本领还没学到家；最起码，你得有胡蜂的身材，你把这一点给忘了；你仍然是一只胖乎乎的苍蝇，太容易被认出来了。然而你还是闯进了那可怕的地洞，安然无恙地在那儿住那么久，就像散布在胡蜂巢外壳上的大量卵所证明的那样。你采取的是什么方法呢？

首先应当注意的是，蜂蚜蝇没有进入层叠在围墙里的巢脾上，它在纸围墙外表停留只是为了在那儿产卵。再说，想想那只和胡蜂一块被安置在我那个网罩里的长脚胡蜂。它就是一个不必靠伪装来使自己被对方接受的例子。它属于那个行会，它本身就是胡蜂。我们中任何一个人，假如没有昆虫学知识，都会把这两者混为一谈。不过这位外来者，只要别让人讨厌，在这个网罩里还是可以被胡蜂容忍的，没人会找它的碴儿，它甚至被允许坐到餐桌旁——那张涂着蜜的纸旁边。但是如果它不慎涉足于巢脾，那肯定会完蛋。

尽管它的服装、外貌、体形和胡蜂几乎完全一样，也不能使它摆脱困境。一旦被发现是外来者，它也会像与胡蜂幼虫无任何相像之处的叶蜂和楔天牛的幼虫一样受到攻击。

如果与胡蜂有一样的体形和服装都救不了长脚胡蜂，那么蜂蚜蝇那么拙劣的模仿又将是怎样的下场呢？能识别同类之间差别的胡蜂眼睛是不会受蒙蔽的。外来者一旦被认出来就会被掐死，这一点是毫无疑问的。

苹蚜蝇和其他蝇类

由于在我做实验的时候没有蜂蚜蝇，我便采用了另一种双翅目昆虫，苹蚜蝇。它体形苗条而且带美丽的黄色条纹，看起来显然比那只带条纹的大胖子蜂蚜蝇更像胡蜂。尽管有相似的外貌，假如它敢到巢脾上去冒险，这个冒失鬼定会被刺死。它那黄色的条纹，纤细的腰身，丝毫不能蒙骗过关。尽管外表酷似胡蜂，它也照样能被认出是外来者。

我那些囚犯的身份随便怎么变化，大笼子里的试验最终都是这样的结果：如果光是做邻居，即使是同在蜜的周围，那些不属于同类的同监犯也能被容忍，但是它们如果到蜂房里来，就会遭到攻击，并且常常被杀死，不管有怎样的体形和服饰。胡蜂幼虫的摇篮是最神圣的地方，外来者不得闯入，违者将被处死。我用网罩里的囚犯做试验是在白天，而自由的胡蜂是在极为黑暗的地下工作的。在那儿没有光线，色彩不再起作用。一旦进入洞穴，蜂蚜蝇就不会从它那黄色条纹，即人们所说的保护色中得到什么好处了。

苹蚜蝇

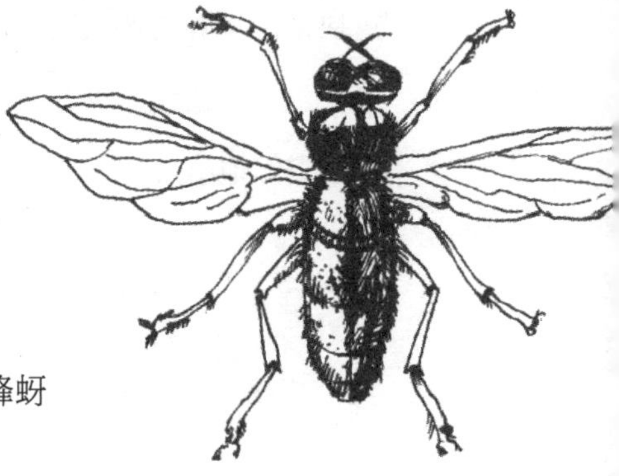

在黑暗中，只要避开胡蜂内部的骚乱，蜂蚜

蝇很容易混过去，不管是平常的装束还是打扮成别的样子，只要它小心翼翼地，不撞上路过的胡蜂，便可以安然无恙地在纸壁上产卵，谁也不知道它的存在。

危险的是大白天在来来往往的胡蜂眼皮底下跨进洞穴的门槛，只有这种时候模仿才是合时宜的。那么蜂蚜蝇这样当着一些胡蜂的面进去是否很冒险呢？围墙里的蜂巢，这个不久就会在太阳下的玻璃罩里死亡的蜂巢，我对其进行了长久的观察，却没有得到关于那个最让我操心的蜂蚜蝇的结果。蜂蚜蝇没有出现，它来访的季节也许已经过了。因为在挖出的蜂巢里，我发现了许多蜂蚜蝇的幼虫。

其他的双翅目昆虫让我付出的努力得到了补偿。我发现在离我有一定距离的地方，有一种个头很小、颜色灰白、有点儿像家蝇的双翅目昆虫飞进了地下室。它们根本不带黄色斑纹，肯定丝毫不想伪装。然而，它们进出很自如，没有任何不安，好像在自己家里似的。只要门口不太拥挤，胡蜂就会由它们去，如果很挤，灰色来访者就在离门口不远处等待，这一刻是平静的，它们没遇到什么麻烦。

在洞穴里面，两者同样是和平相处。我通过挖掘证明了这一点。在地下洞穴里，有那么多苍蝇的幼虫，我却找不到双翅目昆虫的尸体。假如这些外来者在经过门厅或是更下面的地方被杀死，应该会和其他废物一块杂乱地掉进洞穴的底部。可是，在这个洞穴里根本没有蜂蚜蝇的尸体，也没有任何一种苍蝇的尸体。这些来访者受到尊敬，它们完成任务后便安然地出去了。

蜂蚜蝇是劫掠蜂巢的幼虫杀手吗？

胡蜂的这种宽容大度有点儿让人感到吃惊。于是我脑海里产生了一个疑问：蜂蚜蝇和其他一些蝇是否就是传统故事中所说的胡蜂的敌人，劫掠蜂巢的幼虫杀手呢？我们要了解这点，得先从它们孵化时开始调查。

在9月和10月，要想拣到蜂蚜蝇的卵十分简单，要多少有多少，蜂巢的外壳表面有的是。此外，蜂蚜蝇的卵也像胡蜂的幼虫一样，能长时间地经受住汽油熏，因此大部分肯定能孵化出来。我用剪刀从蜂巢的纸外壳上剪下几片卵分布得最密集的纸片，装进一个广口瓶。这是一个仓库，在大约两个月时间里，我将每天从里面取出一些孵化出来的幼虫。

蜂蚜蝇的卵留在纸上，白色的卵在灰色背景的衬托下格外显眼。卵壳发皱下陷了，接着前头裂开一条缝，从里面钻出一条可爱的白色幼虫。它前端渐细，后部略大，浑身长着肉质乳突；身体两侧的乳突展开像梳子的齿；在尾部乳突变长，散开呈扇形，背上的乳突变短，纵向排列成4行；倒数第二节有两个很短的鲜棕红色的呼吸管斜立着，两条管互相靠拢。

前面，靠近尖嘴的地方颜色变深呈浅棕色。透过透明的皮肤，可以看见口器和由两个钩（口针）组成的行走器。总之，竖起的乳突和白白的颜色，使这个优美的小蛆虫看上去像一片雪花。但是这种美貌保持不了多久，长大了的蜂蚜蝇幼虫身上将被脓血玷污，皮肤变成棕红色，爬起来像一头粗笨的豪猪。

刚从卵里孵化出来时它会怎样呢？通过那个作为仓库的广口瓶，我了解了部分情况。由于在斜面上控制不好平衡，蜂蚜蝇幼虫便跌到容器底部。我发现每天都有幼虫孵化出来，它们在容器底部不安地游荡。在胡蜂家里情况也应该是这样，新生的蜂蚜蝇幼虫由于不能在纸壁的斜边上保持平衡而掉到洞穴的底部。在洞穴的底部，尤其是在秋末的时候，丰盛的食品堆积如山，里面有衰弱的胡蜂和被从蜂房里拖出来丢在外面的死胡蜂幼虫。食品已发臭，成了蜂蚜蝇幼虫的珍贵食物。

别看蜂蚜蝇的孩子——蛆虫浑身雪白，它也照样在这个洞穴里不断更新的食品中寻找合口味的食物。从围墙上跌落下去很可能不是意外的事故而是一种最快捷的方法，它们不用寻找就能到达那个洞穴底部，得到放在那儿的美味食品。也许其中一些白色的蛆虫会利用那些把外壳变成弹性被子的空隙滚到蜂巢里去。

不过，处于不同生长期的蜂蚜蝇幼虫，大部分都在洞穴底部的尸骸间落了脚，相对而言，真正住在胡蜂家里的蛆虫只是少数。这些记录说明蜂蚜蝇的幼虫配不上人们赋予它的显赫名声，它们满足于腐尸而不碰活物，它们不是破坏胡蜂巢，而是为它消毒。

事实证明了我实地观察得到的结果。我一次次地把胡蜂的幼虫和蜂蚜蝇的幼虫一起放进便于观察的小试管里。前者身体健壮充满了活力，我刚刚把它们从蜂房里取出来；后者个头大小不一，从刚出生的雪片状的幼虫到强壮的豪猪似的幼虫都有。

它们相遇时没有发生悲剧。蜂蚜蝇的幼虫在小试管里闲逛碰也没碰那活生生的肥肠，最多只是把嘴凑到那个肥肉团上，然后又把嘴缩回去，不在意那块肥肉。

它们需要别的东西：受伤的幼虫，垂死者，冒着脓血的尸体。的确，当我用针尖刺伤胡蜂的幼虫时，刚才还摆出倨傲架势的家伙马上就跑过来喝伤口流出的血了。如果我提供给它们一只腐烂发黑的幼虫尸体，蜂蚜蝇的幼虫就会剖开它的肚子，喝里面的汤。

还有更妙的呢。我喂给它们一些带角质圆环的腐烂的胡蜂。我还看到它们心满意足地吮吸着腐烂的花金龟的汁液。为使它们保持健壮，我还给它们一些肉糜，它们按照普通蛆虫的方法将肉糜化为液体。这些蛆虫对猎物的性质抱无所谓的态度，只要是死的就行，如果猎物是活的，它们就拒绝接受。作为地道的双翅目昆虫和尸体的开发者，它们要等待着尸体腐败。

闯入蜂巢内部的蜂蚜蝇幼虫

在蜂巢内部，幼虫必须健康，这是规矩。体弱的幼虫极其罕见，因为不间断的监视，清除了所有的虚弱者。然而在巢脾上，在繁忙的胡蜂中间，却能见到一些蜂蚜蝇蛆虫，数量确实不像在洞穴底下那么多，但还是比较常见的。那么它们在这个没有尸体的地方干什么呢？它们要攻击那些健康的胡蜂幼虫吗？开始我以为是这么回事儿，它们不停地巡视，从一间蜂房到另一间蜂房。但是当我们对它们在罩子下的行动进一步观察时，就会意识到自己的判断是错误的。

我看见它们在巢脾上匆匆地爬行，脖子起伏波动，探视着那些蜂房。这一间不合适，那一间也不行。这个长刺的小家伙又去别的地方了。它一直在寻找着，用尖脑袋戳戳这个，捅捅那个，这一回它来到的那间蜂房看来是符合要求了。一条看起来很健康的胡蜂幼虫在里面打着哈欠，以为是保育员来了，蜂蚜蝇蛆虫身体向上一跃，钻进了六边形的小房间。

这个肮脏的来访者，像一把柔韧的剑，身子一弯，把苗条的上身伸进了墙壁与房客之间，那房客胖乎乎的柔软身体一侧受到挤压，稍稍往边上让了让。蜂蚜蝇蛆虫把身体伸进蜂房，只把宽阔的尾部留在外面。

这种姿势保持了一段时间，它在房间的尽头忙着工作。然而在场的胡蜂却由着它去，无动于衷，只要那条被访的胡蜂幼虫没有生命危险就行了。外来者身体轻轻一滑出来了，那条活像橡皮袋的小胡蜂幼虫又恢复了原来的体积，没有遭受任何不幸。它良好的食欲就是最好的证明。

保育员喂它一口食物，它非常愉快地接受了，这表明它一点儿也没有伤元气。

而蜂蚜蝇的幼虫，则以自己的方式舔了舔嘴唇，将那对口针收进去又伸出来，然后一分钟也不耽搁，又开始到别的地方去进行探测了。

蜂房里那些胡蜂幼虫身后令蜂蚜蝇垂涎的是什么，还无法通过直接的观察确定，只能靠推测。既然被访的幼虫完好无损，它就不是蜂蚜蝇蛆虫要找的猎物。再说，如果谋杀者要实施谋杀，为何要爬到房间的尽头，而不是直接攻击那个手无寸铁的隐居者呢？在门口把那只幼儿吸干岂不更省事。可它却不这样做，而是一次一次地钻进去，从不采用别的策略。

胡蜂城堡的“卫生官员”

在胡蜂幼虫的身后究竟有什么？我将尽量做出一个合理的解释。尽管胡蜂的幼虫极其干净，也摆脱不了生理上的一些琐事，那是肠胃工作的必然结果。它和其他进食者一样有肠道废渣，由于被幽禁在蜂房里，它只得被迫把这些残渣保存在体内的隐秘处。

胡蜂幼虫和许多住得很挤的膜翅目昆虫一样，会将消化残余物的排泄延迟，直到蜕变时才将大堆的脏物一次性排泄掉。蛹这个精巧的起死回生的有机体，不能留下一点儿污秽的痕迹。以后在所有的空房里，我都发现了这种排泄物，一团紫黑色的东西。

但是还没熬到最后大清除的时候，这堆残渣就时不时地被少量地排出体外。它清澈如水，只要把一条胡蜂幼虫养在玻璃试管里就能发现这种时不时排泄出来的液态物。

总之，我认为再也找不到别的理由来解释，为什么蜂蚜蝇蛆虫钻进蜂房却不伤害胡蜂幼虫。它们要使胡蜂幼虫排出这种液体来，对它们来说这是一种补充食物，是对尸体提供的营养物质的补充。

胡蜂城堡的卫生官员——蜂蚜蝇担负着双重职责：为胡蜂的孩子擦屁股和清除蜂巢里的死尸。因此，当它作为胡蜂的助手进入洞穴产卵时，受到了温和的接待；也因此，在蜂巢的中心地带，蜂蚜蝇蛆虫不但不受制裁，反而还受到尊敬，而其他任何访客在此散步都不可能不受制裁。

回想一下被我放在巢脾上的楔天牛和叶蜂的幼虫所受到的粗暴接待，这些可怜的家伙被猛地咬住，遭殴打，挨针刺，而后死去。而蜂蚜蝇的孩子的境遇完全不同，它们想来就来，想走就走，可以对蜂房进行探测，与城里的居民擦肩而过，却没人粗暴地对待它们。我们举几个例子来说明在易怒的胡蜂家里这种罕见的宽容。

胡蜂家里罕见的宽容

整整两小时，我的注意力都集中在同宅主——胡蜂幼虫肩并肩待在蜂房里的那只蜂蚜蝇蛆虫身上。它的尾部露在外面，乳突张开，有时也露出尖尖的头部，移动时像蛇那样突然地摆动。胡蜂保育员刚从蜜洼边装满一肚子蜜回来了，一口一口地分发食物，工作得很积极。这一切都是在光天化日之下，在窗口的一张桌子上进行。那些保育员从一间房到另一间房，好几次从外来者身边擦过，或从它身上跨过去。它们肯定看见了它，而外来者动也不动，或许是被踩到了，它钻进屋里，不一会儿又出来了。有几只路过此地的胡蜂停下来，向门里探头望一眼，好像想知道里面发生了什么，然后又离开了。胡蜂对这儿的情形并未给予特别的关注，其中有一只胡蜂更是漠不关心。它想嘴对嘴地给房间里那个合法房主喂食，可是房主被来访者挤扁了，根本没胃口，拒绝接纳食物。

而那只胡蜂看到婴儿和别人挤在一块的难受样子，也没有表现出丝毫的关切，就这么走了，又到其他地方去分发粮食。

我再继续观察下去也是枉然：没有任何冲突，胡蜂像朋友一样对待蜂蚜蝇蛆虫，甚至是漠不关心，没有谁试图撵它，骚扰它，赶走它。那条虫子似乎对来来往往的胡蜂也不大在意，一副心安理得的样子，好像是在自己家里似的。

再举一个例子。那条虫子头朝下钻进一间空的蜂房，房间太小容不下整个身子，露在外面的尾部很显眼。它以这种姿势，一动不动地在那儿待了很久，胡蜂不时地从旁边经过。其中有三只胡蜂，有时一起，有时单独前来切割那房间的边缘，它们要从上面割下一片材料化成纸浆用于盖新房。

如果说那些路过的胡蜂，忙于自己的事情没发现这个外来者，那么这三只胡蜂肯定看见了。当它们拆房子的时候，它们的足、触角和唇须碰到了它，然而没有谁去注意它。这条大虫子奇怪的外表那么容易被认出来，却仍然可以太太平平地待在那儿，而且是在大白天，在众目睽睽之下。要是漆黑的洞穴将它的秘密掩藏起来，它该是何等逍遥啊！

我刚才用于实验的都是一些已经长大了，并由于渐渐成熟而变成了脏兮兮的棕红色的蜂蚜蝇幼虫。如果用纯白色的幼虫会有什么结果呢？我在巢脾上撒了一些刚孵化出来的蜂蚜蝇幼虫。雪白的小虫子来到了附近的蜂房，爬下去，又爬上来，继续去别处寻找。胡蜂对这些白色的小入侵者非常和气，就像对那些大的、棕红色的入侵者一样不在意，随它们去。

有时，当蜂蚜蝇的幼虫进入一间有主的房间时会被房主——胡蜂的幼虫抓住。它咬住这个小东西，把它放在大颚间拨弄来，拨弄去。咬住它是出于自卫吗？不，胡蜂的幼虫只不过是把虫子当成了喂来的食物，它咬得并不太疼。小虫得益于身体柔软，安然无恙地从钳子中解脱出来，继续它的探索。

也许我们会把胡蜂的宽容归因于它缺乏洞察力。但这儿有个能使我们醒悟的例子。我把一条楔天牛幼虫和一条蜂蚜蝇幼虫放进空的蜂房里，两者都是白色的，而且都没有将身体完全钻进房间，只有它们那露在门外像一条长柄白花似的尾部才会暴露它们的存在。从表面看很难判别隐藏者的身份，然而胡蜂并没有上当受骗，它们揪出了那条楔天牛的幼虫，把它杀了，扔到尸场上；然而它们却没有去惊动蜂蚜蝇的幼虫。这两个钻进隐蔽的蜂房里的外来者极为相像，可一个被当作不速之客遭驱逐，另一个却被当成常客受到尊敬。我想，视力在此起了作用，因为事情是大白天发生在罩子里的。但是，胡蜂在黑暗的洞穴里还有别的识别方法。如果我用一块布盖在罩子上使里面变成黑夜，对不可饶恕者的杀戮并不会因此而减少。

胡蜂警察想的就是：任何被逮住的外来者都该被杀掉，然后扔进垃圾堆。真正的敌人要想使胡蜂失去警惕，必须狡猾地装死，一动不动，或采用极其卑鄙的隐藏之术。而蜂蚜蝇的幼虫无须藏匿，它光明正大地来来去去，到认为合适的地方去，在胡蜂群里寻找合意的蜂房。它凭什么如此受到尊敬？

靠威力？当然不是。胡蜂只要用大剪刀碰它一下，就会发现这是个没有攻击力的家伙。它要是被螯针扎一下就会马上死亡。这是个熟客，蜂群里没有谁想伤害它。为什么？因为它会帮忙，不但不添乱反而还帮着搞卫生。敌人和不速之客该被驱逐，而作为值得称赞的助手，它赢得了尊敬。

那么，蜂蚜蝇有什么必要化装成胡蜂的模样呢？所有的双翅目昆虫，不论是灰色的还是五颜六色的，当胡蜂共同体认为它们有用时都被允许进入洞穴。总的说来，我确信，蜂蚜蝇的模仿说（依靠拟态来保护自己）是一种幼稚的理论。我通过耐心观察，根据不断发现的事实否定了那些理论；将模仿说扔给那些待在工作室里、太倾向于从理论的幻想中看动物世界的博物学家吧。

彩带圆网蛛

发现彩带圆网蛛

严冬季节，当昆虫在寒冷的田野里无所事事时，观察家利用那些朝阳的温暖隐蔽所，挖沙土，搬石头，在荆棘丛中探测，他多少次为无意中发现的精巧工艺品而感到喜悦和激动啊。那些只求有这样的发现就知足了的头脑简单的人多么幸福啊！我愿他们能感受到我曾经有过的，并且至今仍能感受到的快乐，尽管我生活清贫，而且随着年景每况愈下，越来越艰苦。如果他们到柳林和矮林中的禾本科植物中进行搜索，我愿他们能找到我眼前这种奇妙的玩意儿。这是一只蜘蛛的杰作，彩带圆网蛛的巢。

根据分类学的定义，蜘蛛不是昆虫。按照这种分类法，在这里谈圆网蛛似乎是不合时宜的——让系统分类学见鬼去吧！即使这种动物有 8 条腿而不是 6 条腿，有小肺袋而没有气管，可关于本能的研究并不考虑这些。此外，蜘蛛目属于节肢动物门，其身体是由一节一节拼接起来的，昆虫和昆虫学的这些名词就影射了这种结构。

为了指称这类昆虫，过去用“铰接动物”一词，这个说法的问题在于，听起来顺耳，而且人人都明白。这是传统学派的说法。如今人们使用节肢动物门这个漂亮的词。

就仪表和颜色来看，彩带圆网蛛是南方蜘蛛中最漂亮的一种。在它那几乎有一粒榛子那么巨大的储丝仓库似的大肚子上，有着黄色、银白色和黑色相间的线条，它由此而得了“彩带蛛”这个名称。在肥胖的肚皮周围，它的8条腿呈辐射状向四周伸展，腿上带白色和褐色的环。

织网捕猎

什么猎物对它都适合，唯一的条件就是要找到支撑物织网。它会在蝗虫蹦跳，在蝴蝶表演空中杂技，在双翅目昆虫翱翔的地方，以及在蜻蜓翩翩起舞的地方安营扎寨。通常，由于野味很多，它横跨丛林间的小溪，从小溪的这边荡到对岸织它的网；它也在绿色的橡树矮林中，在蝗虫喜欢出没、长着稀疏的绿草的小山坡上织网，但不太常见。

它的捕猎器是一张巨大的经纱网，边长依场地的大小而定，网纱靠好几条缆丝粘在周围的树枝上，这种结构也为其他的结网蜘蛛所采用。圆网蛛从网的中心伸出一些等距离的辐射丝，在这个构架上，再用一根丝通过辐射丝从网中心向外旋转编织。网的面积之大，形状之规则可谓壮观。在经纱网的下面，一条不透明的丝带从中心穿过辐射丝曲折下行，这是彩带圆网蛛的网的标志，就好像是艺术家在作品上的签名。这样的一个标志似乎表示是蜘蛛在自己的网上织的最后一梭。

蜘蛛一次次通过辐射丝的时候该是多么心满意足啊！它织成了网，

这是不容置疑的；这项工作使它几天的食物有了保证。但是，纺织女丝毫不是因为虚荣才加上这根粗丝带的，那根弯弯曲曲的粗丝带在网上起着加固的作用。

这层加固不是多此一举，因为这张网有时要经受严峻的考验。彩带圆网蛛无法选择它的囚禁者，它一动不动地，8条腿叉开趴在网的中间，以便能察觉从网的四面八方传来的振动，它指望着意外的机会为它送来一只由于疲劳而失控跌落的冒失鬼，或是一只不小心一头撞上来的大家伙。

特别是蝗虫，充满激情的蝗虫轻率地放松腿肌时常常会落入陷阱。它的活力似乎应该使蜘蛛折服，它那如同装上了马刺的杠杆似的腿拼命地尥（liào）蹶子，以为一下子可以把网捅破逃走。事实根本不是这样，如果蝗虫第一次努力时不能挣脱，它就完了。

彩带圆网蛛

彩带圆网蛛背对着猎物启动了像喷壶的莲蓬头似的纺丝器，最长的后足踩到射出的丝后，尽力张开呈弓形把丝撒开。这是一张闪光的网，一把云扇，其中的每一根框架丝都几乎是独立的。与此同时，彩带圆网蛛的两条后腿一边迅速地交替合抱，抛出丝雾，一边将猎物的全身用丝雾一层一层地包裹住。

与巨兽搏斗的古代角斗士，左肩上搭着折叠的绳网出现在竞技场上，野兽在蹦跳，那人用手猛地一抛，像捕鹰者那样撒开网，罩住野兽，用网眼缠住它，再用三叉戟一下将被征服者了结。

彩带圆网蛛也采用同样的方法，凭借可以不断用丝缠绕的优势征服猎物。如果一根丝不够，马上还会抽出第二根，然后是第三根，甚至更多，直到把仓库里的丝用完为止。当那白色的裹尸布里不再有动静时，蜘蛛便靠近那个被束缚在里面的猎物。它有比角斗士的戟更好的武器——毒牙。它不用费什么力，轻轻地咬蝗虫一下，然后离开，就能让蝗虫在毒素作用下变得虚弱。

过了一会儿，彩带圆网蛛又回到那个一动不动的猎物身边，吸吮它的汁液，并更换好几次吸吮点，直至把蝗虫吸干。最后那具被榨干了的尸体被扔出网外，蜘蛛又在网的中央摆出等待的姿势。

彩带圆网蛛吸吮的不是一具尸体，而是麻痹了的猎物，如果蝗虫被咬后我马上将它从网上取下，剥去丝套，它就会恢复活力，甚至好像先前根本没有经历过什么似的。蜘蛛并不在吸吮之前将被俘者杀死，只是将它毒昏；轻轻地咬它一口也许是为了吸吮起来更方便。尸体里停止流动的液体不容易被吸出来，因此，提取猎物的体液在猎物活着时或是濒临死亡时最容易。

嗜血者彩带圆网蛛因此必须控制好它的毒牙，即使是对付凶恶的猎物也一样，它对自己的角斗术是那么有信心。彩带圆网蛛毫不犹豫地捕猎长鼻蝗虫以及蝗虫类中最硕大、最肥胖的灰蝗虫，并且在猎物完全麻醉的状态下将其吸干。

这些有能力凭着猛烈的攻击撕破蛛网，从网眼溜走的大家伙，想必应该很少被捕住。我把这些昆虫放在蛛网上，其余的事由彩带圆网蛛来完成。彩带圆网蛛喷出大量的丝，缠住这些虫子，然后舒舒服服地将它们吸干了。如果加大纺丝器的喷射量，大猎物也不会比一般的猎物更难驯服。

圆网丝蛛

我还见到了比这更厉害的。这一次，我要说的是肚皮上饰有花彩和银白色的圆网丝蛛。它和彩带圆网蛛一样，织的网也很大，有一条垂直方向的曲里拐弯的丝带为标志。我放了一只身体魁伟的螳螂在上面，如果条件许可，螳螂能够转变角色，把攻击者变成猎物。这回圆网丝蛛要捆绑的可不是一只温和的蝗虫，而是一个可怕的巨魔，这个巨魔的爪钩一下子就能把圆网丝蛛的肚子捅破。

蜘蛛敢去对付它吗？现在还不行。在攻击这个可怕的家伙之前它要养精蓄锐，要等那猎物的爪子在乱踢乱蹬时被缠得更紧。蜘蛛终于出击了。那只螳螂翘起腹部，重振起像机翼似的翅膀，张开带锯齿的臂铠，总之它摆出了大战时常用的可怕姿势。

蜘蛛并不理会它的威胁。它用散得很开的纺丝器喷出帘状丝雾，后足交替地合抱拉伸，使丝帘扩大，并大量地抛撒。在丝雨中，螳螂那可怕的锯子和锋利的前足很快就消失了，那对像幽灵般竖起的翅膀也消失了。

螳螂

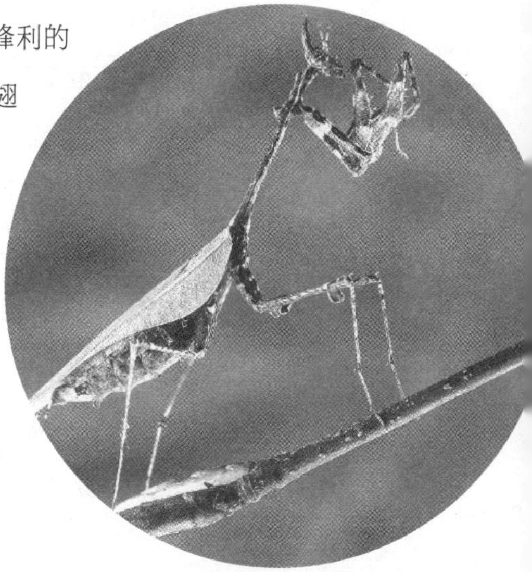

然而，螳螂几次突然的惊跳使蜘蛛跌下了网。跌落是预料中的事故，在这当口纺丝器及时地喷出一根保险丝，使圆网丝蛛悬在空中，荡来荡去。等到恢复了平静，它绑好绳索，重新爬上网。现在，螳螂的大肚子和爪子也被捆住了，喷雾剂也快用光了，只能喷出薄薄的丝帘，幸好已经完事了，猎物被裹了厚厚的一层丝，再也看不见了。

圆网丝蛛没有咬猎物，而是暂时离开了。为了控制这个可怕的猎物，它用尽了纺丝器里足以织好几张漂亮大网的备料。有这么一大堆缠绕物，其他的防范措施都是多余的。在网中间歇息片刻后，它便入席了。它在猎物身上多处开小口，这边切一下，那边切一下，蜘蛛从那些伤口吮吸猎物的血。猎物如此丰满，这餐饭它吃了很久，我观察这个贪得无厌的家伙用了 10 小时，当一处伤口被吸干时它就换一处继续吮吸。夜幕隐藏了那贪杯的家伙酩酊大醉的结局，我无法看到最终的情景。第二天，那只被吸干了的螳螂躺在地上，蚂蚁们在争夺这残羹。

彩带圆网蛛的育婴方法

彩带圆网蛛的育婴方法，比起它的捕猎技巧来更高一筹。彩带圆网蛛的卵袋比起鸟巢来工艺更精湛，形状像个倒置的气球，体积差不多像鸽子蛋那么大，上部渐细像梨，端口平切，镶着一圈月牙边，将其固定在周围树梢上的缆丝把花边的角拉长了，其余部分呈优美的卵球形，垂直向下吊在几根平衡丝中间，顶端像个凹陷的火山口，封着一块丝毡。这蓄卵的丝袋像洁白、密实的缎子外套，难以扯破并且不透水。气球上端装饰着用褐色甚至是黑色丝织成的宽带以及纺锤形和任意分布的经线。这种织物的作用很明显，这是一个露水和雨水都无法渗透的防水层。

由于得经受各种恶劣气候的考验，安在枯草丛中靠近地面处的彩带圆网蛛的丝袋，还必须能保护里面的卵冬天不挨冻。用剪刀剪开袋子，我发现上面有厚厚的一层棕红色的丝，没有织成网而是蓬松得像一条极柔软的棉被。这是一朵柔美的云，是一条连小鸟的绒毛做成的被子也比

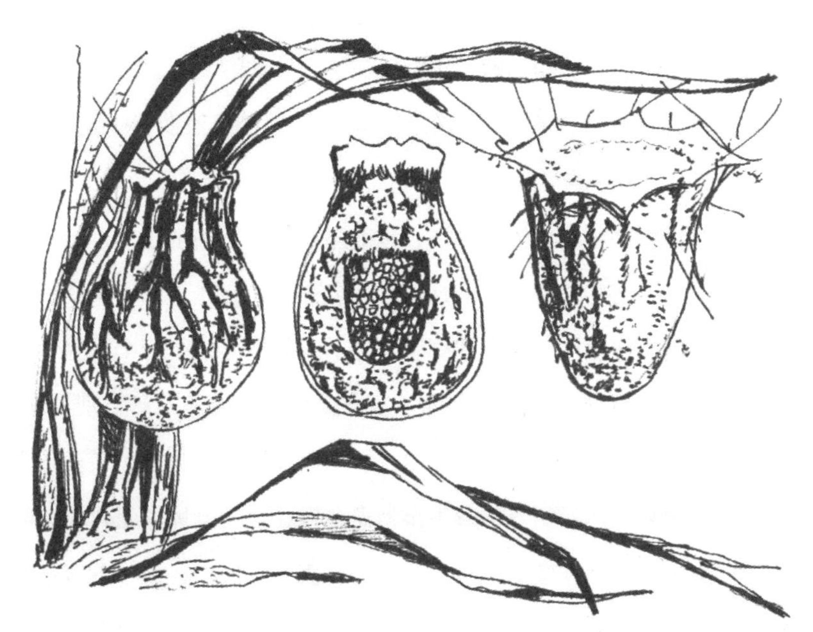

从左到右依次为：彩带圆网蛛的卵袋；彩带圆网蛛的卵袋剖面；圆网丝蛛的卵袋

不上的绒被，是一道阻止热气散发的屏障。

这条柔软的被子要保护什么呢？看，在棉被正中吊着一个圆桶形小袋子，下端呈圆形，上端平切，盖着一顶毡帽。这个小袋子是用极精美的缎子做成的，里面装着彩带圆网蛛的卵，这些卵像美丽的橘黄色珍珠，一粒一粒粘在一起，形成了一颗豌豆大的圆球。棉被就是要保护这些宝贝，使它们免受冬天的严寒。

我们已经熟悉了卵袋的结构，那就让我们来设法弄清纺织女是如何织出这个袋子来的。这可不是那么容易观察到的，因为彩带圆网蛛在夜间工作。为了不搞错编织工艺的复杂规则，它需要夜晚的静谧。不过，清晨时分，我时不时能见到它在工作，这使我得以概述它的编织步骤。大约在 8 月中旬，我的实验对象开始在罩子里工作了，它先用几根绷紧的丝在网罩的圆拱顶下搭起一个脚手架，罩子的网纱代替了蜘蛛在田野里常用来作支撑的草丛和荆棘。纺织就在这个晃动的支架上进行。彩带圆网蛛背对着织物，看不到织的东西，可一切都在自然而然中进行着，就像一台装配得很好的机器。

当蜘蛛慢慢地绕着圆圈转动时，它的腹部末端不停地摆动，一会儿略偏向右边，一会儿略偏向左边，一会儿上升，一会儿下降。布丝很简单，后腿拉丝，将丝粘在搭好的脚手架上，就这样形成了一个缎盆，边缘逐渐加高，最后变成了一个高约 1 厘米的袋子。袋子的布特别柔软，为了使它绷得紧一些，尤其是在袋口，蜘蛛用几条缆丝将这个袋子和周围的丝连接起来。然后纺丝器停下来休息，现在该轮到卵巢工作了。卵巢将储存的卵一次性连续地排进袋子里，一直装到袋口，袋子的容量刚好够把所有的卵装进去，没有多余的空间。排完了卵，蜘蛛便离开袋子。我隐约看见了那堆橘黄色的卵，但是马上纺丝器又开始工作了。

它要把袋口封起来。这时这台设备的运行方式发生了一点儿变化，蜘蛛的腹部末端不再晃动，而是降下来触在一个点上，然后离开，再降下接触另一个点，在一个地方停一下，然后再到别处。蜘蛛在所经之处勾勒出一些纠结在一起的丝带，同时用后足挤压喷出物。最后它织出了一块呢，一块莫列顿双面呢。

现在，在这个缎袋——盛卵的容器周围有了这块呢，这条御寒的羽绒被。小蜘蛛将在这个柔软的庇护所里住上一段时间，让自己的关节变得结实些，为今后的大规模迁移做准备。缎袋的编织很迅速。突然，纺丝器里的原料换了，刚才喷出的是白丝，而现在喷出的是棕红色的丝，而且更细，喷出时轻薄如云，像梳棉机般灵巧的后腿把丝梳理得蓬松起来，盛卵的袋子不见了，淹没在这条精美的羽绒被里。

气球的形状已形成，上端收拢像细颈瓶。彩带圆网蛛上上下下，时而往这边偏，时而往那边偏，自纺丝器里第一次喷出丝时起就奠定了这个优美的形状，好像在蜘蛛的腹端有一个量角器似的。

随后，编织原料又突然间发生了变化，白丝又出现了，并被加工成了丝线。现在该织最外面的一层套子了，由于这部分需要编织得又厚又密，所以编织的时间最长。

首先，它必须在四周拉上几条丝把羽绒被固定住。圆网蛛特别注重袋口的编织，在那儿织出了月牙边，缆丝牵拉着的花边角是整个建筑的主要支点。为了确保丝袋的平衡，纺丝器每次经过这个地方都要加固一下，直至完工。丝袋的花边圈住了必须堵上的火山口似的袋口，蜘蛛用一块刚才封卵袋时用的那种呢把这个口封起来。

之后，彩带圆网蛛才真正开始织外套。彩带圆网蛛前进，倒退，转了一圈又一圈，纺丝器没有接触织物，只有后足这唯一的工具有节奏地交替拉丝，它用跗节把丝牵拉到织物上，同时腹部末端有规律地摆动。

就这样，丝束规则地曲折分布，像个精确的几何图形，可以和我们纺织厂的机器绕出的漂亮的棉线团媲美。蜘蛛不时移动，在整个织物的表面都织上了同样的图形。

彩带圆网蛛的腹端隔一会儿就向气球口上移动一次，这时纺丝器才真正触在流苏边上，而且接触的时间相当长。它在这个作为建筑基础和关键部位的星叶形流苏边里粘上了黏丝，而其余地方是靠后足的操作把丝简单地重叠上去。如果织物需要络丝，线头会从边上断开，再从其他地方继续下去。

彩带圆网蛛以一个不透明的有棱有角的白色签名结束了蛛网的编织，而它结束卵袋编织的标志则是一些下行的不规则分布的棕色细丝，从袋口的边缘向下延伸至鼓凸的中间部分。为此，彩带圆网蛛第三次变换了丝的颜色，这一回射出的是一种介于棕红和黑色之间的丝。纺丝器纵向大幅度摆动，在两极之间喷撒丝，后足把丝拉成任意的丝带，这道工序结束之后作品就完成了。蜘蛛看也没看一眼这个气球，就迈着缓缓的步子走了，剩下的事与它不相干，该由时间和阳光来操心了。

彩带圆网蛛感到自己的末日即将来临，便从网上下来，在附近那难对付的禾本科植物中间用丝织了一个圣幕。为了织这个作品，它耗尽了纺丝器里的所有丝。它重新回到捕猎的位置，重新爬上那张对它将没有意义的蛛网；它已经没有可以用来捆绑猎物的丝了；再说，一向很好的食欲也消失了。它无精打采，憔悴不堪，挨过几天后，终于死去。这就是在我那些纱罩下发生的事情，想必在荆棘丛里也是如此。

奇妙的丝厂

圆网丝蛛织大捕猎网的技术比彩带圆网蛛更高一筹，但是织卵袋的本领却不如彩带圆网蛛，它把丝袋织成一点儿也不优美的钝锥形。宽宽的袋口有辐射形的凸起作为悬挂点，上面覆盖着一床大被子，一半是缎子，一半是莫列顿双面呢，其余部分是牢固的白色织物，织物上时常无序地穿插着一些深色线条。

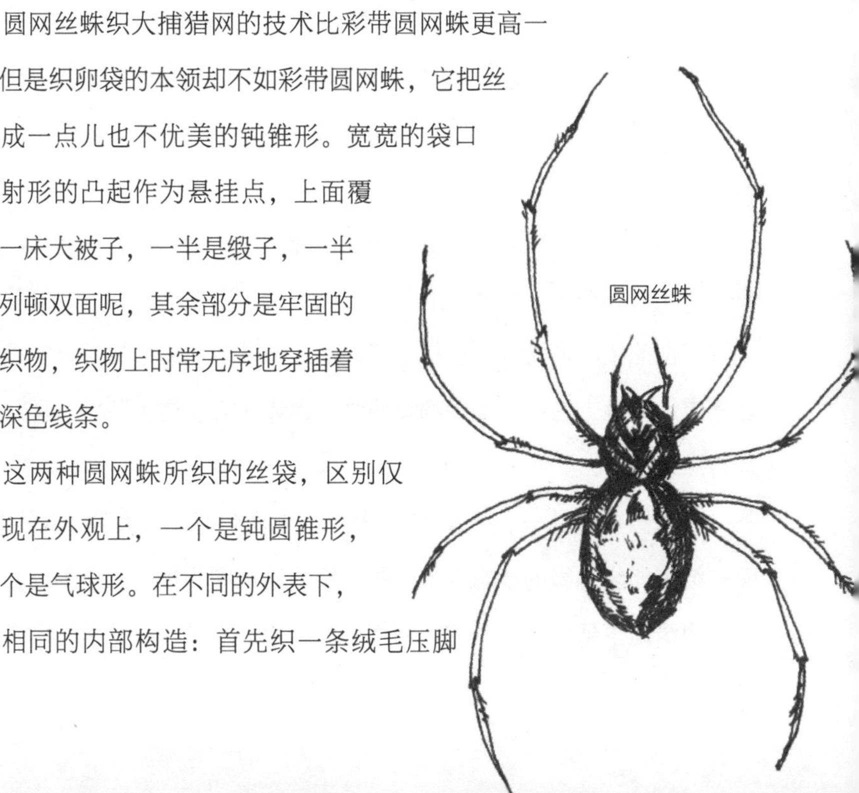
圆网丝蛛

这两种圆网蛛所织的丝袋，区别仅仅表现在外观上，一个是钝圆锥形，另一个是气球形。在不同的外表下，有着相同的内部构造：首先织一条绒毛压脚被，然后再织蓄满卵的小桶。这两种蜘蛛的建筑外部风格不同，却使用了同样的御寒方法。圆网蛛，特别是彩带圆网蛛的卵袋，是工艺复杂的上乘之作，这一点是有目共睹的。在这个建筑中，彩带圆网蛛用了不同的材料：白色丝、棕红色丝和褐色丝；而且，这些材料被加工成了不同的产品，有结实的织物、莫列顿呢压脚被、柔软的丝棉交织缎和可渗透的呢毡。所有这些产品都出自那个制造捕猎网、编结蜿蜒曲折的加固丝带和喷出束缚猎物的裹尸布的作坊。

啊，多么奇妙的丝厂！凭着十分简单的设备，而且总是同样的设备——后足和纺丝器，却能够依次完成制绳、纺纱、织布、织带、制毛毡的工种。蜘蛛是如何领导这个工厂的呢？它是怎么随心所欲地得到这些精致的、复杂程度各不相同的产品和色彩的呢？它怎么能够一下用这种方法加工，一下又用另一种方法加工呢？我看到了成果，却无法理解这套设备，更搞不清它是如何操作的。我陷入了迷茫。

受到干扰后做出的荒唐事

在夜间静心地工作着的蜘蛛，有时也会因为思路突然被打乱而迷失在复杂的操作程序中。我本人并未制造这种干扰，因为深夜时我并不在场，干扰是由这个动物园布置得太简单引起的。

在无拘无束的野外，圆网蛛都单独居住，相互之间距离很远，每只圆网蛛都有一块捕猎区，在那儿不必担心邻近的捕猎网相互竞争。在我那些网罩里则相反，圆网蛛同居一室，为了节省空间，我把两三只圆网蛛放在了同一个网罩里。

性情温和的囚犯在里面和平共处，没有发生口角，也没有侵占邻居的财产，它们各自织一个网的框架，相互间尽可能地离得远一些，然后静心地待在那里，好像对其他蜘蛛做的事漠不关心，只等待着蝗虫蹦出来。

居所的拥挤毕竟在产卵期到来时带来了一些不便，好几个卵袋的丝缆交织在一起，形成了交织的网，只要一个卵袋在晃动，其他的卵袋也或多或少会晃动。不用更多的干扰，只要这样就会使里面正在产卵的圆网蛛分心，使它做出荒唐的事来。这儿有两个例子。

有一个丝袋刚刚在夜间织成。早晨我发现这个圆满完成的卵袋悬挂在网纱上。它的结构很完美，上面规则地镶着黑色的纬线，若不是缺少最主要的东西——卵，纺织女为之不惜花费了大量的丝才织成的这件作品就完美无缺了。卵到哪儿去了呢？它们不在我打开的卵袋里，我打开时袋子就是空的。它们在地上，在稍微下面一点儿的罐子里的沙土上，没有任何保护。也许母亲在产卵时受到了干扰，它没有对准袋口，使卵掉在了地上；也有可能是它在惊慌之中从高处下来，这时卵巢收缩急需产卵，它只好在碰到的第一个支撑物上产下了卵。不管怎样，如果蜘蛛的头脑稍微清醒一些，经历了这次灾难之后，它就该放弃建造这个已经毫无用处的精美卵袋。

然而事实并非如此，那内中空空的卵袋不论是外表还是结构，都与正常情况下织出来的卵袋一样规则和精细，哪怕我丝毫不插手，圆网蛛也会重演被我取走了卵和食物的石蜂所做的荒唐固执的事情，即那些遭抢劫的石蜂还是一丝不苟地把它们的小屋盖起来。同样，圆网蛛也在这个空囊上盖了羽绒被，还在外面做了一个塔夫绸的套子。

另一只圆网蛛是在即将铺完那层棕红色棉絮时，由于受到意外的震动而分心，离开它那尚未织完的卵袋，逃到几法寸[①]远的圆屋顶上。它就在那儿，在光秃秃的网纱上耗尽了全部的丝，织了一个不成形的毫无

① 1 法寸约等于 2.7 厘米。——编辑注

用处的垫子。假如先前没有受到干扰，它本该用这些丝织一个完整的外套。

可怜的傻瓜，你给铁丝笼铺上了莫列顿呢毯，却让你的卵得不到完全的保护。卵袋的缺损已成事实，粗硬的金属竟然没有让你意识到你现在正在做荒唐的事儿！你让我想起了蜾蠃（guǒluǒ）曾经把用来涂抹自己的巢的泥浆抹在了墙壁上；你以你的方式告诉我，一时的精神异常能够导致用极其精湛的高超技艺，做出极其荒谬的行为。

攀雀

我们把彩带圆网蛛的作品与最擅长做窝的小鸟攀雀的作品做个对比。攀雀经常出没于罗讷河[①]下游的柳林。微风吹来，攀雀窝在伸入陆地的平静水面上轻轻地晃动，这里离波浪汹涌的干流有一段距离，攀雀窝吊在弯垂的柳树或是赤杨枝梢上，这些大树喜欢生长在河岸边。

攀雀的巢是用棉袋做的，周围全是封闭的，只有侧面有一扇正好供鸟妈妈出入的小门，外形像做化学实验用的蒸馏釜，像个侧面带有一个细短颈的曲颈瓶。

更确切点说，它像一只上面收口，边上开了一个圆洞的长筒袜。从外表看，人们还以为是用毛衣针织出来的粗针眼呢。根据这种结构给人留下的深刻印象，普罗旺斯的农民用形象的语言称呼攀雀为“卢德巴塞尔”，意思就是织袜鸟。

杨柳树上早熟的小蒴果给织袜鸟提供了筑巢的材料。5 月，从柳树上飘下的春雪似的细棉絮，被风卷到地面的皱褶里堆积起来。这种棉絮和工

① 罗讷河源于瑞士中南的阿尔卑斯山，流经法国东南部，注入地中海。——编辑注

厂生产出来的棉絮很像，但是纤维较短。这种材料取之不尽：树木很慷慨，当棉絮从蒴果上飘下时，柳林里的微风随即把小片棉絮聚集在一起。

困难的是把棉絮利用起来。攀雀是怎么把它织成长筒袜的呢？凭借简单的工具——鸟喙和爪子，怎么能织出连灵巧的手指都织不出来的布呢？通过观察鸟巢，我得到了部分答案。

单单用柳絮做出的鸟巢无法承受一窝雏鸟的重量，也经不起风的摇动。把这种看起来和普通的细棉花很相似的棉花压实、较乱压成的毡不能黏结成块，被风一吹就会突然四处飘散，需要用一层纬纱、一个网将它固定住。

在空气和水作用下被充分浸渍的植物细茎纤维表皮，提供了像麻纤维似的粗纤维。攀雀用从木块里提取出来的、能经受柔韧考验的韧带，一圈一圈地缠绕在它选定作建筑物支撑架的树梢上。

韧带缠绕得不太规则，将那支撑架绑得既笨拙又马虎，有的地方松，有的地方紧，但最后还是绑牢了，这是最基本的。此外，这些起建筑物拱顶作用的纤维韧带，延伸缠绕在一根比较长的枝梢上，这样可以使鸟窝多几个黏结点。

几根纤维韧带缠绕几圈之后，末端分散成细缕，自由地垂挂着，其间掺进了更细、更多的线，交织在一起的线甚至好像打成了结。我们没有看到攀雀如何工作，但单单根据这个作品便可判断，那块支撑棉壁的纬纱就是这样得到的。

这个支撑棉壁的纬纱显然并非一开始就是整块加工好的，而是织好一段，把棉花塞进去，再接着往下织。鸟用喙一下一下从地上叼来棉花，用爪子梳理成絮状塞进网眼，再用胸口挤压，用喙里里外外敲打一遍，结果就织成了 2 法寸厚的莫列顿呢。

袋子的侧面上方开了一扇门，并延长成一个短颈，这是喂食用的门。为了穿过这个通道，小巧的攀雀也会把有弹性的墙壁撑得向外鼓，过后又恢复原状。最后在居所里安上一张最高级的床垫，上面将安放6 ~ 8个像樱桃那么大的白色的蛋。

然而，与彩带圆网蛛的卵袋相比，这个令人赞赏的鸟窝只是个粗俗的庇护所。从形状看，这个袜底确实比不上蜘蛛那个优美的无可挑剔的圆弧形气球；掺有韧皮纤维的棉布和纺织女织出的绸缎相比，不过是土里土气的棕色粗呢；悬挂鸟窝的吊索比起纤细的丝带来简直像是缆绳。攀雀的床垫哪儿比得上彩带圆网蛛那云雾状蓬松的、棕红色的羽绒被呢？就做工而言，无论从哪方面看，蜘蛛都远远胜过了织袜鸟。

但是，雌攀雀却是忠于职守的母亲。一连几星期，它都蹲在鸟巢里，把鸟蛋贴在胸口，它的体温将会唤醒这些白色的小卵石似的卵里的生命。彩带圆网蛛却没有这份温柔，它让自己织的卵袋听凭无法预测的命运摆布，连看都不再看它一眼。

狼蛛

金钱蟹蛛

圆网蛛以极其精湛的工艺为它产的卵建造了一个精美绝伦的住所，尔后却成了个对家庭毫不在意的母亲。这是什么原因呢？因为它没有时间了，一入冬它就要死去，而那些卵注定要在裹着棉被的房子里过冬。迫于形势，抛弃蛛巢是不可避免的事。但是，假如卵早点孵化，在圆网蛛还活着时孵化出来，我想它也会像攀雀一样忠于职守的。

这一点金钱蟹蛛可以证明。这种优雅的蜘蛛不织网，它靠潜伏捕猎，走起路来像螃蟹般横行。我在别处提到过它与家蜂发生争执时，咬住对方的脖子将其处死。

这个善于快速杀死猎物的蟹蛛，对筑巢艺术也同样精通。我看见它在荒石园的女贞树上做了一个窝，在一串花中间，奢侈的蟹蛛织了一个白色的丝绸袋，形状宛如一个细小的顶针。这是个蓄卵的容器，口上盖着一个用织毯做成的平坦的圆盖。

它用绷直的丝和凋谢了从花串上落下的小花，在天花板上面造了一个圆顶。这是个亭子，是个瞭望台，有一扇始终开着的门通向哨所。

蟹蛛驻守在那儿，自从产卵以后它瘦了许多，肚子几乎也消失了。稍有一点儿动静它就冲出去，向过路客张牙舞爪，摆开架势迎接来者。那个讨厌的不速之客拔腿逃走了，蜘蛛便又回到它的家里。

它在那个用干花和丝绸搭起来的圆拱下干什么？它夜以继日地用自己平平展开的单薄身体作盾牌，保护着那些宝贝卵。它忘记了吃饭，不再潜伏，也不再去榨干蜜蜂。蟹蛛一动不动，集中心思，保持着孵育的姿势。“孵育”会让我们觉得它是趴在蛋上，但从严格意义上说，“孵育”一词没有别的意思。

抱鸡婆并不见得更勤勉，却是个暖气设备，它以自己的温暖唤醒了生命的胚芽。而对于蜘蛛来说，太阳光的热量就足够了，只因这一点我不能用“孵育”一词。

两三周的时间，因为戒食变得越来越干瘪的蟹蛛，没有改变这个姿势。小蟹蛛孵化出来后，在一根根细枝间拉了几条弧形的线，这些线像秋千似的。这些可爱的走绳索的杂技演员在阳光下练习了几天，然后分散开，各自忙自己的事情去了。

再来看看那个岗亭，母亲依然在那里，但是它已经死了。忠于职守的母亲欣慰地看着孩子诞生，它以自己微薄之力帮助它们钻出卵盖，任务完成后，便安详地死去了，抱鸡婆可没有如此的忘我精神。

纳博讷狼蛛

还有比它更尽职的蜘蛛呢。像纳博讷狼蛛，或称黑腹狼蛛，它们的英勇壮举已在前一卷中讲述过了[1]。让我们来回顾一下，它在百里香和薰衣草喜欢生长的多石子的泥土里，挖了一口像瓶颈一般粗的井，井口有砾石和用丝黏结起来的木屑筑成的护井栏。除此以外，住宅的周围什么也没有，既没有网也没有任何式样的绳圈。狼蛛在一个一法寸高的小塔上窥伺着路过的蝗虫，它蹦起来，追踪猎物，突然一口咬住猎物的脖子使它动弹不得，然后当场享用猎物，或是回到洞穴里去细嚼慢咽，吃的时候连坚硬的蝗虫外皮也不抛弃。这个强壮的猎手不像圆网蛛那样只喝血，它需要咬在嘴里咔咔响的固体食物，就像狗啃骨头。

你或许想要把它从井里引上来吧？那就用一根细麦秸伸进洞穴，然后晃动麦秸。隐居者担心上面发生了什么事，就会跑过来顺着麦秸向上爬一段，在离洞口一段距离的地方停下来，摆出威胁的架势。它的八只眼睛在暗处闪烁，就像钻石一样，只见它张开螯肢，露出毒牙准备咬人。这个从地下蹿上来的家伙很可怕，不习惯它的人见了非吓得发抖不可。天呀，让那家伙安宁吧！

小小的意外收获有时倒是帮了大忙。8 月初的一天，孩子们在荒石园的深处叫我，他们为自己刚刚在迷迭香下面获得的发现而兴高采烈。这是一只很棒的狼蛛，肚皮巨大，表明它就要产卵了。

被好奇的孩子们围住的狼蛛拼命吞下了什么东西。是什么呢？是一只个头儿较小的狼蛛尸体，那是雄狼蛛的尸体。婚礼以悲剧性的结尾而告终。

新娘吃掉了新郎！我看着婚礼在极其恐怖的气氛中完成，当遇难者的最后一块残骸被咬碎时，我把那个可怕的胖妇囚禁在一个扣着纱罩、

[1] 法布尔的《昆虫记》原书共 10 卷，本篇选自第 9 卷。——编辑注

装满沙土的罐子里。

狼蛛的卵袋

10 天后，大清早我撞见它在做产卵的准备工作。在一块约巴掌大的沙土上，一个丝网已经预先织好了，网织得很粗，尚未定形，但固定得牢牢的，蜘蛛即将在这张产床上产卵。

狼蛛在这张铺在沙上的网上制作了一块圆台布，台布相当于一个两法郎的硬币那么大，是用高级的白丝织成的。它的肚子一起一伏，像等时运转的齿轮，缓缓移动，每次都尽力够着较远的一个支点，直至达到机械所能达到的最大限度。

然而狼蛛没有挪动，只是腹部在朝相反的方向摆动，靠这样来回运动，丝在中间多处交织，便织出了一块像样的台布。台布织好以后，狼蛛绕着圆圈一点点儿移动，并以同样的方法织另一截网。这个几乎没有凹陷、像圣盘[①]似的丝垫的中间部分不需要再喷丝了，只是边缘要加厚。这块垫子于是变成了一个带平宽边的半球形盆。

该产卵了。黏糊糊的淡黄色的卵一次性快速地排出，落在那个盆子里，粘在一起的卵像个小球高出盆口。纺丝器又开始工作了，就像织台布时一样，狼蛛的腹部末端微微地上下摆动，喷出的丝把半球体罩了起来，将小卵球镶嵌在圆形毯中间。

一直闲着的足现在也开始工作了。它们勾住那些将圆垫平展地固定在粗糙的支撑网上的丝线，并一根一根扯断，同时用钳子夹住圆垫，慢慢将它托起，使它与地基分离，再将它压在装着卵的球体上。

① 托碟状的盘子，用于盛放在弥撒中祝圣的面饼，通常为镀金或镀银制品。——编辑注

这项工作很辛苦。整个建筑都在震动，沾上沙土的地板被拆除了。狼蛛用足迅速地把这些不干净的碎片踢开。总之，狼蛛靠螯肢的强力振荡来拉动，靠足一下一下地扯，把那个卵袋拔起来，得到了一个干干净净的、摆脱了任何束缚的卵袋。

这是一个白色的小丝球，摸上去柔软而有韧性，有一粒普通的樱桃那么大。沿着小球的赤道仔细查看，就能发现一条皱褶，用针尖将它挑开却没有断痕，这条一般不易和球体表面其他地方区别开的折边，不过是盖在下半球上的那块垫子的边缘。小狼蛛将从另一个半球里出来，那个半球没怎么加固，上面只有一层织物，是卵刚排出来时织的。

小球的里面除了卵什么也没有，没有床垫，也没有像圆网蛛卵袋里的那种轻柔的羽绒被。其实，狼蛛也没必要为它产下的卵采取御寒措施，因为早在严寒来临之前卵就该孵化了。属于早熟家族的蟹蛛也非常注意不白花工夫，它给予卵的保护，只是一个简单的绸袋。

整个早上，从5点到9点，它一直在进行编织卵袋的工作，接着是拔袋工作。疲乏不堪的母狼蛛用爪子抱住它那心爱的小球便待在那儿不动了。

今天，我不会再看到更多的东西了。第二天我又见到了那只蜘蛛，它把那个装着卵的袋子系在了身后。

从今以后，直到卵孵化，它都不会离开它那个宝贝包袱，那包袱靠一根短丝韧带固定在纺丝器上，拖在地上晃来晃去。它带着这个碰脚后跟的包袱忙自己的事情；它走路或者休息；它寻找猎物，向猎物发动攻击，并将其吞噬。如果那个包袱意外脱落，立即就会被复归原位。纺丝器随便在袋子的某个地方涂一下就足够了，粘接处马上就粘牢了。

狼蛛的远行

狼蛛不喜欢出门，它出门只是为了到洞穴附近抓那些从它的捕猎区经过的猎物。然而8月底，我还是常常能看见它流浪，带着那个包袱去冒险旅行。它的游移不定让人想到，它是在寻找一个暂时废弃不用的、难以被人发现的住所。

为何要远行？首先是为了交尾，其次是织球形卵袋。在洞穴深处，地方狭窄，只能供蜘蛛在那儿长久沉思。然而织卵袋需要一块宽阔的场地，在那儿织一个将近一掌宽的支撑网，就像刚才罩子里那个囚犯让我们了解到的那样。狼蛛的井里没有这么大的地方，因此，它必须到外面，在露天编织它的袋子，也许是在静谧的夜晚。

与雄狼蛛会面似乎也需要外出。既然有被吃掉的危险，雄狼蛛还敢进入情人那无法逃脱的洞穴底部吗？这一点值得怀疑。为谨慎起见，这事应该在洞穴外面进行，在那儿至少还有快速撤离的一线希望，从而使冒失鬼免遭可怕的新娘的毒手。

在露天会面减少了被吃掉的危险，但并不意味着完全没有这种危险。一只雌狼蛛在地面上吞食新郎时被我撞上了，为我们提供了证据。那事发生在荒石园里一个受耕作影响不利于狼蛛定居的地方。洞穴应该离此有一定的距离，然而情人相约的地方正是悲剧开始的地方，尽管空间很大，雄狼蛛却没能迅速逃走，而是被吃掉了。

在同类相食的盛宴后，雌狼蛛是否会返回它的家呢？也许一段时间内不会，再说它还得再出去一次，在一个足够宽的场地上为它的小狼蛛织袋子。

工作完成以后，有些雌狼蛛获得了自由，它们想在最后隐居前再看一看这块地方。它们就是人们经常遇到的那些拖着包袱毫无目的地游荡的雌狼蛛，但是迟早它们会回到地底下的家。8月还没结束时，用麦秸轻轻地在每个洞穴里晃动，就会从中引出一位拖着包袱的雌狼蛛，我想要多少就能轻而易举地得到多少。用这些雌狼蛛，我可以做一些非常有趣的实验。

愚蠢的狼蛛认不出自己的宝贝卵袋

这是一个值得一看的场面，雌狼蛛身后拖着它的宝贝卵袋，形影相随，从早到晚，不论是睡觉还是醒着，它总是以使人敬畏的英勇气概保护着那个宝贝。如果我试图从它身上拿走那个袋子，它就会绝望地把袋子贴在胸前，抓住我的镊子不放，用毒牙去咬。我听到尖牙在铁器上的摩擦声。不，要不是我手上拿着工具，它是决不会让我不付出任何代价就将包袱抢走的。

我用镊子夹住包袱并晃动，从愤怒的狼蛛手上抢走了那个袋子，换了另一只狼蛛的卵袋扔给它，它赶紧用步足抓住那个小球并用爪抱住，然后把它悬挂在纺丝器上。对狼蛛来说，不管是别人的还是自己的，反正有这么一个袋子就行了，它得意地带着那陌生的包袱走了。这个袋子是我仿照狼蛛的卵袋事先准备好的。

我用另一只狼蛛做的另一种实验引出的误会更令人吃惊。我用圆网丝蛛的卵袋替代我刚刚夺来的那个正宗的狼蛛卵袋，如果说两种卵袋的布料、颜色和柔软程度相同，那形状可大不相同了。被夺走的那个袋子是球体，而我给它的那个却是圆锥体，底边还有呈放射状突出的棱角。狼蛛没有注意到这种差异，它突然把那个奇怪的袋子粘在纺丝器上。现在它可满意了，就像是拥有了自己的小球似的。我的这些卑劣的实验手段对狼蛛产生的影响是暂时的，很快就会过去。当孵化期来到时，狼蛛的卵成熟早，而圆网丝蛛的卵却成熟得晚。上当的狼蛛抛弃了那个奇怪的陌生卵袋，不再去注意它。

我们再来进一步测试这个背褡裢的家伙的愚蠢程度。我先夺走狼蛛的卵袋，再扔给它一块用锉刀粗粗锉过、体积与被夺走的小球一样大的软木，结果这个与丝袋如此不同的木质物被狼蛛不假思索地接受了。凭着它那宝石般闪亮的八只眼，这家伙总该发现自己搞错了吧。可这个蠢货根本没注意，它爱怜地将那截软木抱住，用触须抚弄它，将它固定在纺丝器上，从此便拖着它，就像从前拖着真正属于自己的卵袋一样。

我又让另一只狼蛛在真假之间进行选择。我将狼蛛的小球和那截软木同时放在广口瓶里的沙土上，蜘蛛能认出属于它的那个小球吗？这个蠢货办不到，它猛地冲过去，随便乱抓，一会儿抓起自己的小球，一会儿又抓起我给的那个赝品。第一个摸到的被选中了，狼蛛立刻把它挂在了身后。

如果我再增加几块软木，或者在四五块软木中间放上那个真的卵袋，狼蛛很少会找回自己的小球。它根本不做什么调查，也不做什么选择，随便抓住一个，就把它留下，管它是好还是坏，人造软木小球最多，蜘蛛夺到它的机会也最多。

狼蛛的愚蠢行为使我感到困惑，这个家伙是否因为软木摸起来是软的才上当呢？我用线绳缠绕的棉球和纸团取代了木球，两者都很轻易地被接受了，替代了那个被夺走的真的小球。

是不是颜色具有欺骗性？因为金黄色的软木像被泥土弄脏了的丝球，而纸和棉花的白色又和纯洁的小卵球的颜色相同呢？

我选用了一种最醒目的颜色，一个红色的线团去替换狼蛛那个小卵球。这个与众不同的小球被接受了，而且被小心翼翼地保护起来，它所得到的爱护不亚于别的小球。

小狼蛛

让这个背着包袱的雌狼蛛得到安宁吧，对这个弱智者我们已经了解得够多了。我们还是等着看9月上旬的孵化情况吧。大约200只小狼蛛从小球里一出来，就爬到了雌狼蛛的背上，待在上面一动不动，紧紧地挨在一起，像一层鼓鼓的肚皮和乱七八糟的足。在这个小生命组成的“斗篷”下，母亲已面目全非了。孵化完成后，那个已经不再有什么价值的空包袱被狼蛛从纺丝器上解下扔掉了。

小狼蛛们很乖，谁也不乱动，也不想为多占点儿地方而损害邻居的利益。它们静静地待在那儿干什么？它们让自己稳稳地被驮着走，就像负鼠的孩子一样。它们在洞穴里长久地静思，或是当天气暖和时到门口晒太阳。开春以前，狼蛛是不会脱掉这件“斗篷”的。

我有时在冬季最冷的一二月份，到田间去挖狼蛛的洞穴。雨、雪和冰冻过后，洞穴的门柱常常被毁坏，我在狼蛛的家里找到了它，它还是那样充满活力，一直背着它的孩子们。这种“驼”式育儿方法至少要持续六七个月不间断。著名的美洲搬运工负鼠承载它的孩子才几星期就解除了对它们的监护，与狼蛛相比，它可逊色多了。

这些小狼蛛在母亲背上时吃什么呢？据我所知，什么也没吃，因为我没见它们长大。它们从袋子里出来的时候是多大，当它们步入迟到的自由期，我再次见到它们时，还和以前一样大。

冬季，母亲自己也极度节俭。装在广口瓶里的狼蛛，隔了很久才接受一只迟到的蝗虫，这只蝗虫是我在阳光最充足的庇护所里为它抓来的。

为了保持活力，就像它冬天被我挖出来时那样，狼蛛必须时常停止节食，到外面寻找猎物。当然，它没有脱掉那件“斗篷”。

远征自有危险。被一束草轻轻拂一下，小狼蛛就会掉到地上。跌下来的小狼蛛会怎么样呢？母亲会不会为它们担心，是否会帮它们重新爬到自己的背上？绝对不会，雌狼蛛的慈爱之心分摊到几百只小蜘蛛身上只能是小部分。背上的孩子摔下去一个也好，6 个也好，乃至全部，狼蛛也几乎不会去管它们。它无动于衷地等着孩子们自己摆脱困境，再说孩子们会这样做的，而且极其迅速。

我用一把刷子把我的一位寄宿者的全家扫下来，雌狼蛛没有表现出惊慌，也没有去寻找。跌落的小狼蛛在沙地上小跑几步，从这边或那边找到母亲向周围张开的任意一条腿，它们顺着攀登杆又爬到了母亲的背上。很快，背上又聚集成群，全到齐了一个也不少。狼蛛的孩子们精通杂技，母亲不必为它们的跌落而惊慌。我用刷子把一只狼蛛的孩子们扫落在另一只背着孩子的狼蛛周围，那群落下的孩子迅速地攀着另一位母亲的腿，爬到它的背上，那位母亲也乐意让它们这样做，就好像它们是自己的孩子。

通常的盘踞地——腹部已经被自己的孩子占据了，那些侵略者爬上它的前胸，包围了它的胸廓，把这个负重者变成了一个可怕的圆球，连蜘蛛的形状都看不出来了。而这只不堪重负的狼蛛，并未对多出来的孩子有任何怨言，而是接受了它们，带着它们一起走。

对那些小蜘蛛来说，它们并不懂得区分允许和禁止。它们像很优秀的杂技演员那样，爬到第一个遇到的异族蜘蛛身上，只要那只蜘蛛身材合适就行。我把这些小狼蛛放在一只淡橘黄色、带白十字花纹的圆网蛛面前时，从它们的母亲狼蛛身上跌落下来的孩子，马上毫不犹豫地爬到了陌生的圆网蛛身上。圆网蛛不能容忍这种放肆的行为，它抖动那条被侵犯的腿，将那些讨厌的家伙甩出老远，但小狼蛛仍然顽强地进攻，有十来只爬到了圆网蛛的身上。由于奇痒难忍，圆网蛛翻身躺下，在地上打起滚来，就像驴打滚搔痒。小狼蛛有的被压瘸了腿，有的被压死，但这并未使其余的小狼蛛气馁。圆网蛛刚站起身，它们又开始往它身上爬，接着又有小狼蛛跌落下来。圆网蛛不停地擦背部，直至那些冒失的孩子受到了伤害，圆网蛛才得到安宁。

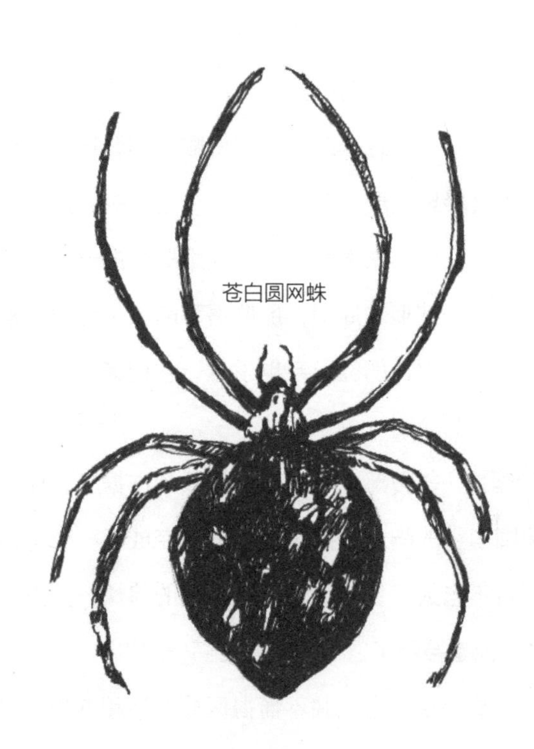

苍白圆网蛛

蜘蛛的迁移

植物种子的旅行

果子里的种子一旦成熟就会传播，会撒在泥土表面，在土地上发芽，在适合它生长的广袤大地上繁殖。

在路边的瓦砾堆里长出了一株葫芦科植物，它的学名是弹性喷瓜，俗称驴瓜。它的果实味道非常苦涩，有椰枣那么大，成熟时中间的果肉融化成液体，里面有种子在游动。具有弹性的果壁收缩时，里面的液体被挤到肉柄底部，然后慢慢倒流回来，被一个像塞子似的东西挡住。当塞子脱落，出口畅通无阻时，种子和果肉便会突然从出口喷出来。没有经验的人去摇动那被烈日烤黄了的弹性喷瓜植株时，一定会为叶丛里发出的响声以及脸上遭到的弹性喷瓜机枪般的扫射而感到不知所措。

花园里的凤仙花果熟透了的时候，只要有人碰一下，就会突然裂成 5 个卷曲的瓣，里面的种子随之喷得老远。人们给凤仙花起的植物学名称有“急性子”之意，就是影射这种蒴果突然爆裂的现象，它无法做到忍受触摸而不爆裂。

在潮湿的林荫下生长着另一种和凤仙花同属一科的植物，由于它具有同样的特点，而得了个更形象的名称“别碰我凤仙花”。

蝴蝶花的蒴果裂开呈三瓣，中间凹陷成吊篮形，里面排列着两行种子，由于蒸发作用，果瓣的边缘卷曲起来，挤压了种子，将种子挤出来。

那些很轻的种子，特别是菊科类的种子有浮空器、冠毛、翼，这些器官使它能飘在空中，甚至到远方旅行。因此，只要轻轻地吹一下，蒲公英的种子就会像羽毛一样飘起来，从干花托上飞走，缓缓地在空气中飘动。

除了羽毛状花冠之外，翼是最适合靠风传播的器官。借助那些状似薄鳞片的膜状边缘，黄色紫罗兰的种子能飘到建筑物的檐口上，飞到无法伸入的岩石缝里和老墙的墙缝里，只要先前长过苔藓的地方留下一点点儿土，它们就会在里面发芽。

榆树的翅果有一个大而轻的翼，中间镶着种子；槭树的翼果是两个两个连在一起的，看起来像一只鸟张开的翅膀；白蜡树的翼果像桨叶，被暴风雨席卷着完成了最遥远的迁徙。

然而，昆虫有时也像植物一样有旅行工具，能够使大家庭迅速分散到乡间，以便每个成员都拥有一块地盘，使邻里间互不干扰。它们的工具和方法可以和榆树的翅果、蒲公英的羽毛、驴瓜的弹射器媲美。

圆网蛛的奇特飞行

我专门观察了圆网蛛这种了不起的蜘蛛。为了捕捉猎物，圆网蛛垂直地在两棵灌木间拉开大网，这使人想到捕鸟者用的网。我居住的地区最有名的是彩带圆网蛛。它身上有非常漂亮的黄、黑、银白相间的横纹，它那精美无比的卵袋是一个缎做的袋子，形状像个小巧的梨，袋子的颈部顶端是一个凹陷的出口，嵌入出口的封盖也是丝绸做的，一些棕色的饰带像任意分布的经线，镶在袋子两极之间。

打开这个卵袋，能看见什么呢？我们在前面已经知道了，现在再重述一遍。在那个和布一样结实而且防水性极好的外套里，有一条极精致的棕红色的羽绒被，一团像烟雾似的丝团。母亲为孩子准备了那么柔软的小床，恐怕世上再难以找到这样的关怀。在柔软的丝团中间吊着一个像顶针形状的小丝袋，上面盖着活动盖。袋子里装着漂亮的橘黄色的卵，大约有 500 粒。

从总体上看，这个优美的建筑难道不是一个动物果实，一个种子盒，一个类似植物的蒴果似的包囊吗？只不过在圆网蛛的囊袋里装的不是种子而是卵。这种差别主要表现在外观上，而不在实质上，卵和种子是一回事。

这颗动物果实被太阳晒熟后是如何开裂的，特别是如何进行播种的呢？卵袋里有几百粒卵，应该分散开，到远方去，各自独占一块地盘，那样就不必过于担心邻里间的竞争了。这些脆弱的家伙，跑得很慢，它们是采用什么方法迁移到远方的呢？

我从另一种比较早熟的圆网蛛那儿得到了第一个问题的答案。5 月，我在荒石园里一棵丝兰上发现了圆网蛛的孩子。这棵丝兰去年已经开过花，那已完全干枯了的花茎依然长在那儿。花茎有一米多高，多枝杈，剑形的绿叶上爬满了刚孵化出来的两窝小圆网蛛。暗黄色的小家伙尾部带有一个三角形的黑色斑点。今后它们背上那 3 个白色十字图案，将向

蜘蛛的网

我表明，我发现的这些小家伙是冠冕圆网蛛的孩子，而不是彩带圆网蛛的孩子。

太阳照到荒石园中这块地方时，两群小圆网蛛中有一群非常激动，好动的杂技演员小蜘蛛一只一只爬上花茎的顶端。它们在上面走了一下又折回来，一片喧闹和混乱，因为这时吹来了微风，打乱了这群小蜘蛛的活动。我看不清它们后来的动作了，它们陆续地一只一只地从花茎上出发了，猛地一跃，可以说是飞了起来，好像长着翅膀的小飞虫。

小蜘蛛很快从我的视野中消失了，我一点儿也看不明白它们这种奇怪的飞行是怎么回事儿，因为在喧闹的露天，我无法进行仔细的观察。这需要平静的气氛和实验室里的宁静。

看不见的“天桥”

我把那窝小蜘蛛装进一个小盒，马上盖起来，带回实验室里，放在离敞着的窗户两步远，正对着窗户的一张小桌上。刚才所见的情景提醒我，小蜘蛛有爬高的癖好，因此，我为它们准备了一捆半米长的细树枝作为爬竿。整伙儿蜘蛛匆匆爬上树枝，一直爬到了顶端，一眨眼的工夫一个不落地全都到了高处。稍后我将知道，它们聚在灌木制高点上的动机是什么。现在小蜘蛛盲目地在这儿拉一根丝，在那儿拉一根丝，上上下下，就这样以树梢为顶点，桌子边缘为底边，织出了一张薄薄的放射状的网，高度为两拃。这个网是一个工场，是出发前做准备工作的车间。

那些小生灵在网上忙忙碌碌，不知疲倦地跑来跑去。在阳光照耀下，它们变成了闪光的点，并且在乳白色的网上构成了一个星座，仿佛是要用望远镜才能看清的遥远天空中那无数星星的影像。无限小和无限大的物体看起来差不多，那是距离造成的。

但是，这团生机勃勃的模糊星云不是由固定的星星构成的，相反，那些点在不停地移动。小蜘蛛在网上不停地走动，好多蜘蛛摔下来吊在丝端，用它们的重量把丝从纺丝器里拉出来，然后迅速地顺着那根丝重新爬上去，把丝捆扎成束。随后，蜘蛛又摔下来再把丝拉长。其他的小圆网蛛只在网上跑，好像也在织一个网袋。

原来丝不是从纺丝器里流出来的，而是要用点儿力气拉出来的。丝是拔出来的，而不是射出来的。为了得到一点儿细细的丝，蜘蛛必须移动，朝后拉扯，要么靠从高处跌下来，要么靠行走，就像制绳工倒退着编麻绳一样。正在操作网上进行的活动是为下一步疏散做准备，旅游者在准备行囊。

不久，有几只圆网蛛在桌子和敞着的窗户之间小步疾跑。它们像在空中跑，可是在什么东西上面跑呢？如果能见度好的话，有时我可以看见在小家伙的身后有一条像光线似的丝线，它只显现了一下，闪闪发光，然后就消失了。仔细看时才能看见蜘蛛身后确实有一根丝，但是在朝向窗户的一面，什么也看不见。

我上下左右观察，什么也没有发现，我再变换不同的观察角度还是徒劳无获，没能发现任何可支撑小家伙行走的支撑物。小家伙们仿佛是在空中划桨，这让人想到一只被绳子捆住脚的小鸟向前冲的样子。

但这只是一种假象：飞是不可能的，对蜘蛛来说，必须要有一座桥才能越过这片开阔地。我看不见这座桥，但我至少可以毁掉它。我用棍子在那只朝窗口跑的蜘蛛前面当空劈下去，不必再劈第二下，小精灵立刻停止前进，跌落下来。看不见的天桥断了。我的助手小保尔，也就是我的儿子，被小棍子的魔力惊得目瞪口呆。尽管他有一双雪亮的眼睛，也没能看见小蜘蛛前面有一个能让它在上面行走的支撑物。

相反，蜘蛛后面那根丝线却看得见。这种差别很容易解释。行进中的蜘蛛同时拉出一根保险带，以便保护随时有可能掉下来的走钢丝演员。在它的身后，有两根丝线，因此能看见；而在它面前的丝线是单根，因此几乎看不出来。这根看不见的丝线显然不是小家伙抛过去的，而是被一阵风带着拉过去的。有了这样一根丝，圆网蛛让丝荡在空中，不管风力多么微弱也能把它带走、拉长，就像烟斗里冒出的袅袅上升的烟圈。

这根飘动的丝不管触到周围什么物体，都能固定在上面。天桥架好了，蜘蛛可以行走了。据说南美洲的印第安人是借助藤蔓荡过山脉中的深涧的，小蜘蛛却是踏着看不见的不可丈量的天桥跨越空间。

但是，要把飘荡的丝头带到别处还需要一股风。在实验室里敞开着的门和窗之间就有一股风，这风是如此的微弱，我几乎都没感觉到。然而，看到我的烟斗里冒出的烟缓缓地朝一个方向飘旋，我恍然大悟，外面的冷空气从门口进来，房间里的热空气从窗口流出去，正是空气的流动带走了丝，使蜘蛛可以出发。

我把门窗关上，切断了空气的流动，并用小棍把窗户和桌子之间的通路全都切断，之后，在静止的空气中，我再也没见到出发者。没有空气的流动，丝线就拉不出来，迁移也变成了不可能的事。

不久，迁移又开始了，不过是朝着我没有想到的方向。火热的太阳照到了地板上，这儿比其他地方热，产生了一股轻轻的向上的气流。如果这股气流托起了那些丝，我的小蜘蛛们应该会爬到房间的天花板上去。

这种奇怪的上升现象确实发生了，不幸的是，许多蜘蛛已从窗户出发，剩下的蜘蛛为数不多了，不足够做一次漫长的实验。我得重新开始。

第二窝小圆网蛛的迁移

第二天，还是在那棵丝兰上，我抓来了第二窝小蜘蛛，数量与第一窝一样多。准备工作又像昨天一样重复了一遍。这群蜘蛛先织了三个放射状的网，这个网从移民们拥有的灌木梢开始，直达桌子的边缘，五六百只小家伙在这个车间里忙碌。

当这群小精灵忙忙碌碌地为出发做准备工作时，我也在做我的准备工作。所有的门窗都被我关上了，为的是让空气尽量保持静止状态。我在桌子的脚边点起了小煤油炉，把手放在蜘蛛织网的那个高度试了一下并不感到热，这是个很小的炉子，靠炉子热度升起的气流柱应该能够把丝拉长并把它带到高处去。首先，我们得弄清气流的方向和强度，蒲公英的毛可以做测量器，我在火炉上方与桌面平齐的高度把抓在手里的蒲公英毛放掉，蒲公英的毛缓缓上升，大部分都到达了天花板上。迁移者的细丝也应该可以，甚至应该更容易升上去。

一切就绪了，我们在场的3个人只看见一只小蜘蛛在向上爬，别的什么也没看见。小家伙用8条腿在空中疾走，缓缓地升高，越来越多的蜘蛛从几条不同的路径跟着往上爬，也有的顺着同一条路向上爬。如果我们不知道谜底的话，肯定会被这种没有梯子的、魔幻般的登高惊得目瞪口呆。只用了几分钟时间，大部分蜘蛛都到了上面，紧贴在天花板上。

并不是所有的蜘蛛都上了天花板，我看到一些蜘蛛尽管尽力地迅速向上迈着步子，可是只到达一定的高度就停止，甚至倒退了。它们越是拼命往上走，下滑得越是厉害，每下滑一次就抵消掉已经走过的路程，甚至还倒退了一段。打滑的原因很好解释。

那根丝没有到达天花板，是飘动的，只有下面那端是固定的，只要丝的长度适当，尽管在晃动，还是可以支撑住小家伙的身体重量，随着蜘蛛上升，飘浮的丝同时在缩短，有时会出现向上的浮力和向下的重力达到平衡的状态，这时，尽管小家伙一个劲儿地爬，还是停滞不前。随后，重力超过了浮力，丝便缩得更短，蜘蛛尽管一直在向上走，却一直在倒退。

通常它们能够到天花板。天花板高度为4米，小蜘蛛竟能在未吃任何食物之前，拉出一根至少4米长的丝来，这是它们的纺丝器生产出的第一件产品。而制绳工和绳子，所有这一切都来自那个微乎其微的小卵球里。小蜘蛛用它的纺织材料加工出的产品是多么精细啊！工厂加工铂线时必须把材料烧红，而小蜘蛛采用的方法却简单得多，它的拉丝厂采用阳光加热法拉丝，这是人们意想不到的。

别让所有的登高者都在登天花板的过程中失败，如果无法找到停泊处，大部分蜘蛛也许会死；因为不吃东西，它们无法再生产出另一根丝来。我打开窗户，一股来自煤油炉的热气从窗口流出去——这是朝这个方向飞去的蒲公英的毛告诉我的。飘浮的丝线肯定会被这股气流带走，并向吹着微风的窗外延伸。

我用小剪刀，稳稳地剪断了其中几根丝；丝的底端是双股的，较粗，能看得见。丝被我剪断后产生的结果很奇妙，吊在细丝上的蜘蛛突然被窗外的风带着穿过窗户，飞走并消失了。啊！多方便的旅行方式，要是那交通工具有一个舵，想在哪儿着陆就在哪儿着陆那该多好！听凭风摆布的可爱的小家伙们会在哪儿落脚呢？也许在几百步，几千步远的地方，但愿它们旅行成功。

疏散的问题已经解决了，如果疏散不是靠人工的方法促成的，而是在自由的田野里进行，又会发生什么情况呢？显然，小圆网蛛们，这些天生的杂技演员和走钢丝演员，是为了使自己的身下有足够宽的地方施展它们的技艺，才爬到细树枝梢去的。它们沿着各自的制绳厂里拉出的一根丝随风飘去。从太阳烤热的地面上升起的气流缓缓地将丝向上托，这根丝上升飘摇起伏波动，使劲拉扯着固定的一头，最后挣脱了束缚，带着吊在上面的纱厂主消失在远方。

彩带圆网蛛的“卵盒”

刚才那带白十字图案的冠冕圆网蛛为我们提供了有关蜘蛛疏散的第一手资料，不过，它手艺很一般。它用来蓄卵的容器只是一个很简单的丝球，与彩带圆网蛛织的气球相比真是太寒碜了！我指望着从彩带圆网蛛那儿得到最有价值的资料。秋天，我用饲养雌彩带圆网蛛的方法，储备了一些小蜘蛛。为了不让任何主要的过程逃脱我的观察，我把那些大部分是在我眼皮下织出来的气球分成了两组，一半留在我的实验室里那个有小捆荆棘作支撑物的金属网罩下，另一半则放在室外的迷迭香围篱上，经受天气变化的考验。

这些充满期待的准备工作并未让我看到预期的情景，未让我看到与居住环境相应的一次非常壮观的迁移。不过，我还是记录下了一些有价值的结果，在此简要地叙述一下。

孵化是在临近3月时进行的，这时，我们用剪刀把彩带圆网蛛的圆形巢剪开，可以看到一些小蜘蛛已经从中间的小房间里出来，分布在周围的羽绒被上，而其余的橘黄色的卵还是堆成一堆。小蜘蛛不是同时孵化出来的，孵化是断断续续进行的，要持续两周时间。这个花花绿绿的袋子丝毫无法让人猜到，下一批蜘蛛会在什么时候孵化出来。小彩带圆网蛛的肚子是白色的，前半段像覆盖了一层粉，后半段是黑棕色，除了眼睛在前面形成的黑框之外，身体的其他部位是浅棕色。在没有干扰的时候，这些小家伙在棕红色的羽绒被里一动也不动，受到惊吓时，它们会在原地懒洋洋地跺着脚，或者是犹豫不决摇摇晃晃地乱转悠。可见它们还需要再成熟些才能到外面去闯荡。

小蜘蛛在裹着卵袋的精美丝团里成熟了，并撑大了气球。这个丝团是个接待站，小家伙的肌肉能在那儿变结实。所有的小彩带圆网蛛一离开中间的小房间，就都钻进丝团里，要到4个月以后，当天气很热时才会离开。

小蜘蛛的数量很可观，我耐心地数了一下，有600只，这么多小蜘蛛全都出自一个不过豌豆大的袋子。蜘蛛是用什么奇妙的方法把这么一大家子安置在里面的呢？那么多的腿挤在里面不会扭伤吗？

那个卵袋是个短圆柱体，底部呈弧形，是用一块密实得像无法穿透的屏障似的白色绸子制成的。卵袋上开着一扇圆形的门，门里嵌着一个用同样的布料做的盖子，柔弱的小昆虫不可能穿过这个小盖子钻出来，这个盖子不是一种可透水的毛毯，而是和外面的那个袋子同样结实的布料。它们有什么诀窍使自己解脱出来呢？

请注意，那个相当于盖子边缘的圆垫突然弯曲形成折边，伸进袋口内，就像一个边缘突出的桶盖嵌在桶里，不同的是桶盖是活动的，而蜘蛛卵袋上的盖子是焊死的。然而在孵化期，这个圆垫会自动启封、翘起，让新生儿通过。

假如这个盖子是活动的，是随便嵌在里面的；假如这窝彩带圆网蛛是在同一个时间孵化出来的；那么可以想象，在小蜘蛛们脊背的合力推动下，那扇门会被潮水般涌出的小家伙冲垮，就像水壶里沸腾的水将壶盖顶开一样。

但是盖子的布料和袋子的布料是一个整体，它们紧紧地粘在一起，而且蜘蛛是一小撮一小撮孵化出来的，一点儿力气也使不出来，因此这个盖子应该是自动开裂的，不是靠小蜘蛛合作的力量开启，而应该像植物的囊袋那样自动裂开。

龙头花的干果熟透时会打开三扇窗子，海绿果会分成两个像香皂盒形的球冠，石竹的果瓣会部分裂开，顶端张开一个星形的洞口。每一个种子盒上的锁都有自己的系统，只有阳光的爱抚才能巧妙地控制它们的运转。

那么，另外一种“干果”——彩带圆网蛛的卵盒也有同样的开启原理，只要卵还未孵化，门就好好地关着，牢牢地固定在环箍里。一旦有小彩带圆网蛛在里面动弹，想出来时，它就自动打开。

卵盒开启，远征开始

蝉喜欢的六七月份来了，这个季节，想从卵盒里出来的小彩带圆网蛛也同样喜欢。要在牢固的球壁上开辟出一条通道，是很困难的事儿，盒盖必须自动开启。从哪儿开启呢？

我们一下子就想到是从顶端的盖子边缘开启。球颈部顶端是一个像大火山口似的开口，上面盖着一个像小碗一样的盖子，那层布料和其他地方的一样结实。由于盖子是这个袋子的最后一道工序，我们指望它没有被完全焊牢，可以裂开。

然而，我们受了这个结构的蒙蔽。天花板是不可摇动的，在任何季节它都不会打开，甚至用我的镊子都不能把它撬开，除非把这个建筑整个儿毁掉。开启应该是在别的地方，在旁边的某一处；可是，没有任何迹象表明开启的位置，也无法让人预测到底是在何处。

说实在的，随后发生的卵盖开启不像机械般精密，裂痕很不规则，绸布像过熟的石榴皮一样在强烈的日照下突然裂开。根据那些裂痕，我猜想，内部的空气经阳光加热发生膨胀，可能是引起爆裂的原因。种种迹象表明，有一股自内向外的力起了作用，因为撕破的布是向外翻的，此外总有一坨塞在袋子里的棕红色绒棉，从裂口处喷出来，因爆裂而被弹出来的小蜘蛛在喷出的棉团上躁动不安。

彩带圆网蛛的气球像是炸弹，为了释放出里面的蜘蛛，它在炎炎烈日的照耀下爆裂了。要使它爆裂，需要暑天似火的骄阳。储存在我那个温和的实验里的大部分气球都没有裂开，也没有小蜘蛛出壳，除非我插手；另外，个别的几个卵袋上出现了一个圆洞，圆洞好像是用钻头钻过的。很明显，这是隐居在里面的小蜘蛛钻的洞，它们轮流用大颚耐心地在气球的某一点上钻洞。

相反，暴露在烈日下迷迭香围篱上的气球，则在爆裂时喷出了棕红色的丝团和小昆虫。在田野里自然日照下也发生了同样的情况，当酷热的7月到来时，荆棘丛里那些没有任何遮掩的彩带圆网蛛的卵袋，因内部空气压力的作用而爆裂了。要让蜘蛛自由，就得把住所炸开。

一小部分蜘蛛随着淡黄褐色的丝团被喷出来，大部分仍在裂开了的丝团袋子里。既然出口已经打开了，想什么时候出去都行，不用着急，再说在迁移以前还有一项重要的任务要完成，那就是得换一层新皮。小蜘蛛蜕皮不都是在同一天完成的，撤离卵袋要花好几天。随着旧皮蜕去，小蜘蛛一小批一小批地疏散出去。

出发的小蜘蛛爬上附近的细树枝，在阳光的沐浴下疏散。它们采用的方法跟冠冕圆网蛛采用的方法一样，纺丝器顺风射出一根细丝，细丝随风飘荡，挣断束缚，带着制绳工飞走了。同一天早晨，只有小部分蜘蛛出发，这使得出发的场面显得好没气氛，一点儿也不热闹，因为它们不是成群结队地出走。

令我大失所望的是，圆网丝蛛也不是大批热热闹闹地一起迁移。我们再回忆一下它的作品，那个仅次于彩带圆网蛛的杰作。美丽的卵袋呈钝圆锥形，有一个星形的圆盘封口，制作这个袋子的布料比彩带圆网蛛用的布料更结实，主要是更加厚实，因此，它就更加有必要自动破裂。

裂口出现在袋子的四周，离盖子不远的地方。同彩带圆网蛛的气球一样，这个袋子的开裂也需要7月的炎炎烈日帮忙。它破裂的原理似乎还是空气受热膨胀，因为袋子里装的丝团也有一部分被弹了出来。

这一回小圆网丝蛛是在蜕皮以前一起倾巢出动，也许是因为轻微擦伤的表皮大可不必换掉。圆锥形的袋子远不如气球形的袋子宽大，挤成一堆的小蜘蛛如果单独把腿从套子里拔出来可能会扭伤，因此必须全部一起出来，再到附近的小树枝上安顿下来。

这是个临时营地，小蜘蛛们共同编织，一会儿就织好了一顶透光的帐篷，它们大约会在那儿住上一周。它们开始在这个用许多丝纵横交织而成的临时营帐里蜕皮，蜕下的旧皮在营地的地面上堆积起来。刚蜕完皮的小蜘蛛在高处的秋千上养精蓄锐，随着它们不断成熟起来，就该陆续出发了。它们一会儿走几只，一会儿又走几只，而且总是不辞而别。但是这儿可没有乘坐气球一样的丝去旅行的大胆飞行者，它们的旅行是一小段一小段完成的，吊在丝端的蜘蛛在离地一拃高的地方垂直降落，一阵风吹得它晃来晃去，像个钟摆，有时把它吹到了附近的一根小树枝上，这才完成了疏散的第一步。达到一个目标后，蜘蛛再下落，再像钟摆那样摆动起来，摆到摆长所能够到达的最远处。由于线总是不够长，只能这么一小段一小段地前进，小圆网丝蛛的旅行就是这样进行的，直到它找到一个满意的地方为止。

如果风力较强，远征的时间就可缩短，摆丝一断，小蜘蛛就会被飞出的丝带到一定的距离外。总之，蜘蛛迁移的方法实质上都是一样的。在我的家乡，最精通织卵袋的两位纺织女辜负了我的期望，我耗费了许多精力饲养它们，却只得到这么一点点儿成果。我还能在哪儿看到在冠冕圆网蛛那儿偶然看到过的情景呢？我将在那些被我忽视了的普通蜘蛛那儿，再次见到同样的甚至更加惊心动魄的场面。

满蟹蛛

像螃蟹一样横行的蟹蛛

让我领略到壮观的蜘蛛迁移景象的那种蜘蛛，在分类学中被命名为 *Thomisus onustus*。如果这个名称丝毫不能引起读者注意，那它至少有一点儿长处，那就是说起来和听起来很顺，不像通常的学术名词那样听起来像打喷嚏而不像说话。既然用拉丁语给动植物命名是一条规矩，至少也得遵守古谐音。我们还是不要发出刺耳的咳痰声，那简直是把动物的名称像咳痰一样吐出来而不是念出来。

未来将如何面对那些以发展为借口，如潮水般迅速增长，却掩盖了真理的野蛮词汇呢？未来会将这些词抛弃在被遗忘的角落里，而通俗的、听起来舒服、形象传神的词永远不会消失。蟹蛛就属于这类名词，古人就用它来称呼包括满蟹蛛在内的那一类蜘蛛，它们身上表现出了蜘蛛和螃蟹的相似处。

满蟹蛛像螃蟹那样横着走，也是前足比后足粗壮，只是它的两条前足上没有带拳击护套。体态像道黄蟹似的蟹蛛不会织捕猎网。它不用绳圈也不用网，而是埋伏在花丛中等待猎物的到来，它会灵巧地掐住猎物的脖子。本篇的主角满蟹蛛尤其爱好捕猎家蜂，我在别处已经描写过家蜂和刽子手之间的纠纷。

一贯爱好和平，只是想采些蜜的蜜蜂突然到来了，它用舌头在花丛里探测，选一个花粉多的开采区，很快就沉浸在忙碌的收获中。当它把自己的花篮装满，肚子鼓起来时，满蟹蛛从花丛下的隐蔽处蹦了出来，包抄了那只忙碌着的蜜蜂，偷偷地向它靠近，猛地跃起掐住它的后脖颈根部。蜜蜂无助地挣扎，用螫针乱刺，可攻击者仍不松手。

尽管蜜蜂拼命反抗，但由于颈部神经被掐住，脖子闪电般被咬住，顷刻间，可怜的蜜蜂蹬蹬腿死了。现在刽子手自在地吮吸着受害者的血，然后不屑一顾地将吸干的尸体扔掉，再重新埋伏起来，伺机杀害另一位花粉采集者。

每每见到蜜蜂在健康快乐的劳动中被杀害，我总是感到非常愤慨，为什么辛勤劳作者要养活游手好闲者？为什么被剥削者要养活剥削者？为什么那么多善良的动物会牺牲在极其猖獗的掠夺中，整体的和谐之中存在着可憎的不和谐，尤其是那位凶残的吸血者，竟成了忠实于家庭的模范。这一切都使思想家感到震惊。

那个恶魔爱自己的孩子，却吃别人的孩子。

受肠胃制约的动物和人都是恶魔。工作的神圣，生活的快乐，母性的温柔，临终的痛苦，这一切只对别人有意义，对自己来说最重要的是猎物的肉要嫩，味道要鲜美。

满蟹蛛的名字

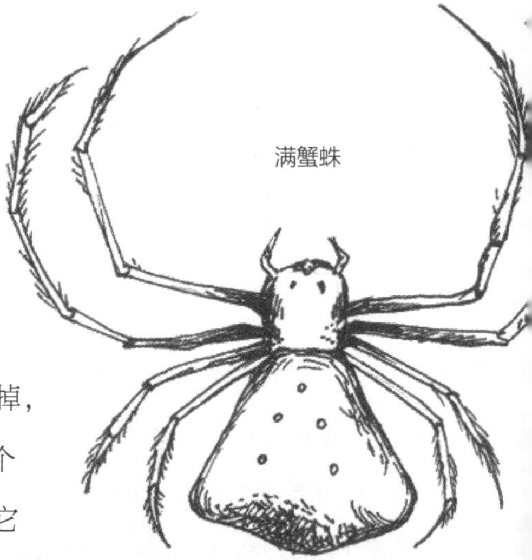

满蟹蛛

满蟹蛛的名字，词源学的解释是“我用绳子捆”。根据这个解释，满蟹蛛可能像古代罗马执法官手下手执束棒的侍从官，专管把犯人绑在柱子上。许多蜘蛛为了制服猎物，以便随心所欲地把它吃掉，就用绳子把猎物绑起来，从这一点来看这个比喻挺恰当。但关键的问题是，满蟹蛛与它的名字不符，它没有捆绑蜜蜂，蜜蜂是因脖子被咬伤而突然死亡的，而且蜜蜂也没有向刽子手做任何反抗。我们这位受惯用策略支配的“蜘蛛教父”没有尝试别的方法，它不了解那种毫无意义的用绳索阴险进攻的方法。

那个繁琐累赘的名字“*onustus*”也不是最佳的选择，不能因为捕杀蜜蜂的刽子手挺着沉重的大肚子，就以此作为区别它的特征。[1] 蜘蛛几乎都有个巨大的肚子，里面储存着丝，有些蜘蛛用腹中的丝制细丝线，所有的蜘蛛都用丝来织卵袋中的莫列顿呢。满蟹蛛也和其他蜘蛛一样，这位筑巢高手肚子里储存的是给婴儿保暖的材料，但它并不过分臃肿。

“*onustus*”一词仅仅是影射它侧着身子走路和慢吞吞的步态吗？这个解释我同意，但还不能完全令人满意。除了极度惊慌的时候，任何蜘蛛都步履稳健，小心谨慎。

① “*onustus*”是拉丁语，意思是负重的、满载的。——编辑注

总之，这个词是误用，是个毫无意义的修饰词。给蜘蛛取个合适的名字是多么困难啊！我们还是对动物分类者采取宽容的态度吧。词汇贫乏，再加上要编进目录的新词源源不断，让人无暇讲究音节的搭配。

岩蔷薇上的满蟹蛛

如果术语什么也无法告诉读者，又怎能让读者了解它代表的事物呢？我看只有一种方法，请读者去参加在地中海地区常绿的矮灌木丛中举行的“五月节”。蜜蜂的杀手很怕冷，在法国它几乎没离开过橄榄树的故乡。它偏爱一种叫岩蔷薇的灌木，这种植物会开大朵的玫瑰色花，皱巴巴的，昙花一现，只能保持一个上午，第二天凉爽的黎明时分就又有一朵花盛开，灿烂的花季持续五六周。

蜜蜂热切地来此采花粉，它们在雄蕊那宽大的花药上忙碌着，身上蹭上了黄色的花粉。蜜蜂杀手得知来了一大群蜜蜂，便躲在一片花瓣构成的玫瑰色帐篷下，准备伏击猎物。放眼望去，四处的花上都有一些蜜蜂，如果发现一只蜜蜂不动了，伸直了腿和舌头，我就赶快过去；因为十有八九是满蟹蛛在那儿，这个强盗刚作案完，正在吮吸死者的血。

不管怎样，捕杀蜜蜂的是一只非常漂亮的昆虫，尽管在那金字塔形的躯干上有一个累赘的大肚子，下端左右两侧各隆起一个驼峰状的乳突，但它的皮肤看上去比绸缎还要柔和。有些满蟹蛛的皮肤是乳白色的，另一些是柠檬黄的；有些讲究打扮的满蟹蛛还在腿上戴了许多玫瑰红色的镯子，背上装饰着胭脂红色的曲线，胸部的两侧有时佩戴着一条淡绿色的细带。满蟹蛛的服装色彩虽不如彩带圆网蛛丰富，但是从简洁、精致程度和色彩搭配来看却优雅得多，即使是讨厌蜘蛛的没有经验的新手，也不得不承认满蟹蛛的优雅，他们会毫不惧怕地抓起一只看起来那样平和的满蟹蛛。

这个蜘蛛中的珍宝会做什么呢？首先是建造一个适合自己的巢。金翅鸟、燕雀以及其他建筑师用植物的侧根、植物纤维、棉团等在小树枝上建造贝壳形的巢。满蟹蛛也喜欢高处，为了建造它的窝，它在平时捕猎的岩蔷薇上，选择一根因炎热而枯萎了的高枝，枝上挂着一些卷成小窝棚的枯叶。满蟹蛛就是在这儿做窝产卵。

满蟹蛛母亲

满蟹蛛那像梭子似的装满了丝的肚子轻轻地上下摆动，把丝拉向四周。它织了一个袋子，袋壁和周围的干树叶合为一体，这个纯白的不透明的巢，一部分露在外面，一部分被树叶遮住。这个插在树叶间的夹角里的袋子，是圆锥形的，像圆网丝蛛织的袋子，但体积略小一些。

当卵装进去后，一个用同样的白丝织成的盖子把容器的口密封起来，最后用几根丝织成的薄帘在卵袋上做一个床顶，用弯曲的叶尖做一个凹室，母亲就住在里面。

这不仅是疲劳的产妇产后休息的地方，还是一个掩体，一个监测哨。母亲坚守在那儿，平趴着，直到孩子们大批迁移。由于产卵和消耗了很多丝，它变得很瘦，现在它只是为了保护自己的巢而活着。

如果有流浪者从附近经过，它会飞快地从哨所里出来，抬腿赶走那个不速之客。当我用一根草去骚扰它时，它拼命地反击，用拳头击打我的武器，好像是在拳击。如果我为了做一些实验而有意让它挪个窝，不费些工夫还办不到。它死死抱住丝织的地板，挫败了我的进攻，再说我怕伤着它也没用力。这个顽强的家伙刚被引出来就立即回到自己的岗位上，它不想离开自己的宝贝。

纳博讷狼蛛遇到有人试图夺它的小球时会进行搏斗，满蟹蛛也一样。两者一样勇敢，一样忠诚，可又是同样的糊涂，分不清是自己的还是别人的宝贝。狼蛛会毫不犹豫地接受替换给它的任何一个陌生的小球，它分不清别人产的卵和自己产的卵，也分不清别人的织品和自己的织品。

母爱这个神圣的字眼也不宜用在这儿，这儿有的只是狂热的冲动，几乎是机械的爱，不存在什么真正的温柔。生活在岩蔷薇上的优雅的满蟹蛛，也不见得更聪明，当它被转移到另一个形状相同的巢里时，便在那儿安家，并不再挪动，尽管那个袋子上排列规则不同的树叶足以提醒它已不在自己家里，但只要脚下踩着丝，它就不会发现自己搞错了，它像监护自己的巢一样警惕地监护着另一个巢。

在母性的盲目这一点上，狼蛛表现得更突出。它把我用锉刀锉成的软木球、纸团和线团当成了自己的卵袋，粘在纺丝器上，带着走来走去。为了解满蟹蛛是否会犯同样的错误，我在封闭的圆锥形卵袋里放了一些蚕茧的碎片，把碎片更细更平的那一面朝上，但我的企图没有成功。离开了自己的家，被安置在人造的袋子上的雌满蟹蛛坚决不肯在此安家。它是否比狼蛛聪明呢？也许是，但不要因此而过多地赞扬它，因为那个巢模仿得极粗糙。

5 月底，产卵的工作完成了，这时，平卧在巢顶上的雌满蟹蛛不论是白天还是夜晚都不再走出掩体。看它那么消瘦那么干枯，我想，供应给它一些蜜蜂它会高兴的，我以前就这样做过。

我错误地判断了它的需要。在此以前它一直热衷的蜜蜂对它而言已经没有吸引力了，在罩子里可以轻易捕捉的蜜蜂在它身边嗡嗡叫；可是，卫士没有离开岗位，也不在乎这个好机会，它只靠作为母亲的忠贞，这种值得赞美却没有营养的食粮维持着生命。

因此，我只能看着它一天比一天衰弱，越来越干瘪。消瘦的满蟹蛛在死等什么呢？

它在等自己的孩子出世，这个垂死者对孩子们还有用。

彩带圆网蛛的孩子从气球里出来时早已成了孤儿，没人来帮助它们，而它们也没有力气把自己从袋中解放出来，必须靠气球自动爆裂，把小彩带圆网蛛和棉床垫一块儿乱七八糟地弹了出来。

满蟹蛛的袋子外面大部分地方都加了一层树叶，它永远不会自己裂开，只要封条还贴着，盖子就不会自动打开。当孩子们获得解放后，我发现盖子周围有一个大开着的小洞口，像个天窗。是谁开的这扇天窗？它原先并不存在。

布料太厚太结实了，不可能是里面关着的年幼体弱的小满蟹蛛扯破的。是母亲感觉到丝棉顶篷下的孩子急得跺脚，就把袋子捅破了。母亲拖着糟透了的身体坚持活了3周，就是为了最后用大颚把卵袋咬开。这项任务完成后，它便安然地死去，并紧紧贴在它的窝上变成了干尸。

小满蟹蛛的迁移

7月来临时，小满蟹蛛出世了。预料到它们有表演杂技的习俗，我在它们出生的那个罩子顶上安了一把很细的树枝。它们真的全都钻过网纱，聚集在荆棘顶上，并很快在那儿用交错的丝织了一个宽敞的临时营地。头两天它们躲在里面还算安静，接着就开始在一个物体和另一个物体之间架起天桥来。我必须利用这个好机会。

我把一束爬着小昆虫的荆棘置于打开的窗户前一张小桌子上的向光处。很快，大迁移开始了，但是缓慢而又混乱。小满蟹蛛们有些犹豫，有的向后退，有的吊在丝的一头垂直地跌下来，然后丝向上收又把吊在空中的满蟹蛛带了上去。总之，动静不小，效果甚微。

事情拖了很久，大约 11 点时，我忽然想到应该把载着急于出发的小蜘蛛的荆棘放在被烈日烤晒的窗台上。被太阳晒了几分钟之后，情形完全不同了，小移民爬到小树枝的顶上，活跃地动个不停。这儿简直就像个令人目眩的制绳车间，几千条腿从纺丝器里往外拉丝，缆绳制好后，甩出去任由风把它带走。当然我并未看见缆绳，只是猜想。三四只蜘蛛同时出发，然后分道扬镳，各随其愿。从足的敏捷动作就能知道蜘蛛都在往上爬，顺着一个支撑物向上攀登。尽管如此，在攀登者们身后的那根丝还是能看得见，因为这是一根复线。之后到达某一个高度时，出现了停滞不前的现象，小家伙荡在空中，在阳光照耀下闪着光，缓缓地晃动着，随后突然飞起来。

出了什么事？外面刮起了微风，飘荡的丝断了，小家伙出发了，被它的降落伞带走了。我看着它远去，它像一个光点，闪现在离我 20 步远的那片墨绿色的柏树林上。它上升，越过柏树林，消失了；其他蜘蛛也跟在后面，有的飞得高些，有的飞得低些，朝着不同的方向飞去。

现在蜘蛛群已完成了准备工作，大批疏散的时候到了。就在这时，从荆棘顶上不断地投射出出发者，像发射出的原子弹一样升起，像绽开的花束，最后放出来的是焰火，一束同时放出的焰火。这个比喻很恰切，就连发出的光也相似。在阳光下，骤然发出耀眼光芒的小蜘蛛就像是焰火。多么荣耀的出征，多么隆重的入驻仪式！小家伙们抓紧飞丝，飞向了极高的“境界”。

或远或近，它们迟早得降落。唉！为了生活必须降落，常常得降落在很低的地方。带冠毛的夜莺把路上的驴粪捣烂，从里面索取食物。它在天上飘荡，扯着嗓子一直唱是找不到燕麦粒的，必须下来，求食的本能要求它这么做。小蜘蛛为着同样的原因也得着陆，降落时因有降落伞的保护，削弱了重力作用，避免了摔伤的危险。

后来的情况我就不知道了。在有能力捕捉蜜蜂以前，小满蟹蛛能抓到多少小飞虫呢？会采用什么方法呢？是否靠施展诡计与小飞虫较量呢？它最终会在哪儿过冬呢？我都不了解。春天到来时，我们还会和满蟹蛛见面的，那时它已经长大，并潜伏在蜜蜂采花粉的花丛中。

迷宫漏斗蛛

原蛛和水蛛

如果说设置垂直陷阱的高手圆网蛛是无与伦比的纺织娘，那么其他许多蜘蛛则善于运用生物界的首要法则，即想办法填饱肚子和繁衍后代。这类蜘蛛有些已久负盛名，在许多书里都有提到。其中比较知名的是原蛛，它效法纳博讷狼蛛住在一个洞穴里，但它的洞穴比咖里哥宇矮灌丛[①]中粗俗的狼蛛洞大有改善。狼蛛在井口周围搭一个简陋的护井栏，这个护井栏是用石砾、柴禾和丝堆砌起来的；而原蛛则在井口安了一个活动盖，像一扇带铰链槽和插销的百叶窗。原蛛回到家，盖子就会猛地落下来，卡在槽沟里，槽沟和盖子锲合在一起，精确到了天衣无缝的程度，假如来犯者执意要打开这块活动盖板，隐藏在里面的原蛛就会把门闩拉上，即把

---

① garigue，也译为地中海区常绿矮灌丛，指在冬季多雨、夏季干旱的地中海地区的自然林区，因受放牧等人为影响所形成的矮灌木群落。——编辑注

它的小爪插进铰链另一边的一些孔里，把身体紧紧压在墙壁上，使得那扇门纹丝不动。

另一种知名的蜘蛛是水蛛，它用丝在水中为自己造了一个储存空气的潜水罩，有了这个呼吸装置，它就可以在阴凉的地方窥伺猎物。在酷热的盛夏，这可真是个奢侈享乐的场所，那地方就像荒谬的人用大理石和大石头在水下建造的屋子。

如果我手头有来自个人的观察资料，我想讲述一下水蛛在这方面的技巧，给故事补充一些未被提及的特殊资料。可我不得不放弃这想法。在我们这个地区没有水蛛，倒是有精通制造铰链门技术的原蛛，不过原蛛也很少见，我只在灌木林中那条小径上见过一回。我知道机会转瞬即逝的道理，观察家应该比别人更懂得把握机会。因正忙于其他研究，我只是朝那只偶然送到我面前的漂亮原蛛瞥了一眼，机会溜走了，并且再也没有重新出现。

我们且用一些看似平淡无奇、比较常见、适宜于跟踪研究的蜘蛛，来作为补偿吧。普通并不等于无足轻重，只要给予高度的重视，我们就能从普通事物中发现其价值。而无知常常使我们看不到它们的价值，通过耐心的观察我们就会发现，再不起眼的生物也是构成生活乐章不可或缺的音符。

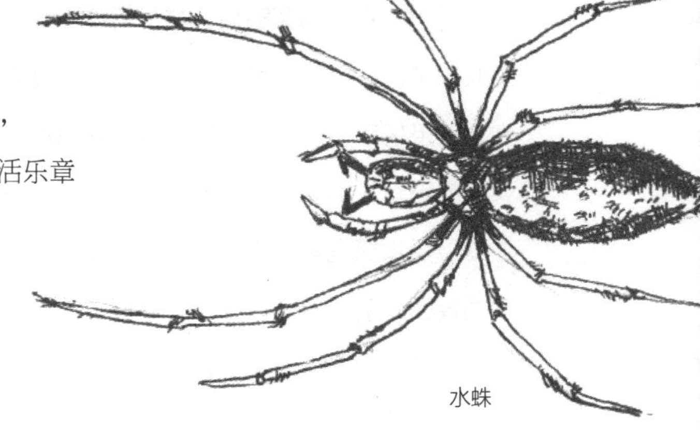

水蛛

发现迷宫漏斗蛛

我拖着有些疲乏的脚步在周围的田野里走着，目光却在警惕地搜索，我看见了那种普通得不能再普通的迷宫漏斗蛛。迷宫漏斗蛛并不躲在牧场里，或是光影斑驳而幽静的树篱下，而是在光秃秃的荒野里，主要在起伏不平的丘陵地带，那被砍柴人砍得光秃秃的山坡上。它们喜欢住在荆棘丛里，如岩蔷薇、薰衣草、蜡菊和被羊群啃得短短的、直挺挺的迷迭香丛中。我去的就是这种地方。这些与世隔离的荆棘丛是那么宽容，准备忍受那些冷酷的树篱并不总是能容忍的勾当。

7月，我每周都要到现场去观察好几次迷宫漏斗蛛，我一般是在早晨太阳还不至于烤脖子的时候去的。孩子们和我一块去，他们带上橙子，以备口渴之需。我正好可以借用他们的好眼神和灵活的手脚，这次探险有望取得丰硕的成果。不久我们就发现远处有一根根挂着晨露、闪闪发光的银线，那不就是高高悬挂着的丝网吗？孩子们为发现了这些像节日彩灯般美丽的闪光丝网而激动不已，一时间竟忘记了他们的橙子，我也和他们一样为之激动。缀满夜露的蜘蛛网在晨曦中闪烁，犹如水晶宫一般，仅仅为了看这奇丽的景致也值得起个大早。

经过半小时的蒸晒后，神奇的珠光便随着露珠消失了。现在该观察蜘蛛网了，这只蜘蛛把网拉在一大蓬岩蔷薇上。那张网有一块手绢那么大，采用任意夹角和密布的丝线将网固定在荆棘上，丝不是仅仅固定在杂乱的荆棘丛中某一束突出的枝梢上，而是纵横交错在荆棘丛中绕来绕去，最后那簇荆棘消失了，被蒙上了一层白色的密得像细纹布似的网。网的周围，距离不等的每个支点都向外凸出，支撑点之间形成了火山口似的圆凹，看上去像个喇叭口，网的中间是一个圆锥形的深坑，像个颈部渐渐变窄的漏斗，垂直地插在茂密的绿色植物间，深度约有一拃。那蜘蛛就在阴暗危险的管口处，对我们的出现并不十分吃惊。它是灰色的，胸廓上有两条黑色饰带，在饰带的正中夹杂着微白或棕色的斑点，腹部末端有两个会活动的附属器官，好像尾巴似的，这在蜘蛛家族中是很少见的。

迷宫漏斗蛛的“迷宫”

迷宫漏斗蛛这个火山口形状的网采用的不是同一种编织法，边缘比较稀疏，往中间渐渐地成了轻柔的细纹布，接着又变成绸子，在最陡的地方是粗棱形格状网，最后在蜘蛛通常待的漏斗颈部，织成了一种结实的塔夫绸[①]。

蜘蛛专心地织它的地毯，对它来说，那是它的工作台，每天夜里它都要到这儿来，走过这地毯，监视设下的陷阱。它要进一步将网延伸，用新丝将其扩大。蜘蛛织网时靠移动身体，不断把始终挂在纺丝器上的丝拉出来。经常走动的漏斗颈部得铺上最厚的地毯，除此以外，还有火山口的斜坡，那也是经常行走的地方。均匀分布的辐射丝对准了洞口，靠尾部附属器官的晃动和配合，蜘蛛在辐射线上织出了棱形网格。蜘蛛夜晚经常来此寻查，便把这个地方加固得十分牢靠，其余不常走动的地方铺的则是很薄的地毯。

在插入荆棘丛的走廊尽头，我们原以为会找到一个密室，一个分隔开的小间，蜘蛛空闲时可以躲在里面。可事实并非像我们想象的那样。漏斗颈部的底端是开放的，那里有一扇暗门始终洞开，当蜘蛛被追捕时，

① 名称来源于英文 taffeta 一词，含有平纹丝织物之意。指用优质桑蚕丝经过脱胶的熟丝以平纹组织织成的绢类丝织物，织品密度大，是绸类织品中最紧密的一个品种。——编辑注

便从那儿逃走，穿过草丛，到野外去。

假如想抓住那只蜘蛛而又不用担心伤着它，了解这个住所的布局是很有必要的。当蜘蛛受到正面攻击时，它就会向下跑，从底部的出口逃走。那时再到杂乱的荆棘里去搜寻，常常无法找到它；因为逃难者的动作极为敏捷，再说漫无目标地搜索很可能会伤害它，搞得它肢体残缺。如果不用暴力，成功的可能性很小。那么我们现在不妨施展些计谋吧。

我发现那只蜘蛛停在管口上。当可以采取行动的时候，我用手抓紧网的底部，即漏斗颈部向下延伸的地方。这就够了，蜘蛛被抓住了，当它发现后路被切断时，自然就会钻进我为它准备的圆锥形纸袋中，必要时用一根草伸进网中，刺激它几下就可以把它逼到纸袋里去。我就是采用这种方法将一些神气十足的迷宫漏斗蛛，毫发未损地移到我的实验罩里来的。那个火山口形状的蜘蛛网算不上一个真正的陷阱，过路者和散步者失足踩上丝毯的情况，严格地说是可能发生的，但是应该很少有跑到这种地方来散步的冒失鬼。要抓住会蹦跳和飞行的猎物，需要一个捕猎器。圆网蛛有凶险的黏网，而荆棘丛里的迷宫漏斗蛛有它的迷宫，其凶险程度也丝毫不亚于黏网。

我们来看看网的上方，那简直是绳索交织的密林！就像被暴风袭击后失控的船舶上的缆索。绳索拉在树枝之间，有长线也有短线，有垂直线也有斜线，有直线也有曲线，有密有疏，所有的线交织在一起，错综复杂理不清头绪，向上延伸约一米。这是个乱绳套，一个谁也无法穿过的迷宫，除非有特强的弹跳力。

捕猎蝗虫

这个迷宫完全不同于圆网蛛的黏丝网，这些丝没有黏性，只是重重交错。你是否执意要看看这个捕猎器的用法呢？那就把一只小蝗虫扔进网里吧。在晃动的支撑物上失去平衡的蝗虫，乱蹦乱跳，拼命挣扎，结果把绊索给搞乱了。蜘蛛躲在洞口窥视着，不予理睬，它不会上去捕捉被围困在绳索中的那个绝望的家伙，而是等着扭得越来越厉害的绳索把猎物弹到网上来。

蝗虫掉下来了，迷宫漏斗蛛爬出来，向落网者扑去。进攻不是没有危险的，那猎物只是有点儿士气低落，并没有被捆绑着，它的腿上只不过拖着几根挣断了的丝头。大胆的蜘蛛不理会这些，它没有像圆网蛛那样用一块裹尸布把猎物裹起来，而是拍一拍那猎物，认为质量不错，便用螯牙去咬，尽管那猎物有点儿硬。

下口的地方一般是大腿根，并不是因为这个部位比其他皮肤细嫩的地方更易咬伤，或许只是因为这个地方的肉味道特别好。为了了解迷宫漏斗蛛吃哪些食物，我参观了好几个蜘蛛网。在那儿，我发现在各种双翅目昆虫和小蝴蝶中间，还有几乎没动过的蝗虫尸体，所有这些猎物的确都少了前腿，至少缺了其中一条前腿。在蜘蛛网边缘的挂肉钩上，常常吊着蝗虫类被掏空了美味内脏的肚皮。

在对可吃的东西不抱成见的孩童时期，我就像许多人一样知道蝗虫的大腿好吃。它有点儿像螯虾的大腿，只是个头很小。那只设陷阱的蜘蛛向我刚才扔给它的蝗虫进攻时，就是从大腿根下手的。蜘蛛一旦动螯牙咬了，就不肯松口。它要喝血、吮吸，汲取营养。一处伤口吸干后，再换一个地方。吃第二条腿的时候也是如此，最后猎物被吮干，成了保持着原形的空壳。我们看到圆网蛛也是用同样的吃法，它杀死猎物后喝它们的血，而不是吃它们的肉，然而最后，经过几小时的细细消化后，圆网蛛又会重新拣起被吸干了的猎物，把它放在嘴里嚼了又嚼，嚼成烂烂的一团，这是吃着玩的饭后甜点。迷宫漏斗蛛可没有那份闲情逸致在饭桌上没完没了地消磨时间，它不是把吸干的猎物放在嘴里嚼，而是把它们从网上扔出去。尽管吃一餐饭用的时间很长，但是用餐是在绝对安全的情况下进行的，那只蝗虫刚被咬了第一口，就不动了，蜘蛛的毒液一下就把它毒死了。

迷宫漏斗蛛的卵袋

作为艺术品，迷宫漏斗蛛的网远不如圆网蛛的网那样结构高度对称。尽管迷宫很精巧，但这并未使它的建造者受到人们青睐，因为这只不过是个没形的捕猎器，是随意瞎造的。不过，就算建造者没有什么章法，总还是应该有自己的审美原则。那个安着漂亮网纱的火山口已经使我们想到了这一点，通常被视为母亲的杰作的卵袋，将向我们作充分的展示。

当产卵期到来时，迷宫漏斗蛛该换一个住处了，它放弃了那个还很结实的网，不再回去了。它需要一座合适的房子。该是成家立业的时候了。但是这房子在哪儿呢？蜘蛛自己清楚，我可不知道。我花了好几个早晨去寻找，结果一无所获，我徒劳地在支撑蜘蛛网的小矮林里搜寻，却始终未得到我希望得到的东西。

最后，秘密还是被我发现了。我看见一个空荡荡的网，它尚未破损，显然这是刚被抛弃的蜘蛛网。我不用到支撑蜘蛛网的荆棘丛里去寻找，到周围几步远的范围里探察一番，如果那里有一片矮植物丛，而且很茂密，产卵的窝就在那个避开视线的地方。网上带着真实的身份标志，因为雌蜘蛛总是在上面。

我就采用这样的方法，在远离迷宫捕猎器的地方进行搜查。我现在拥有了那些能满足我好奇心的蛛网，可是这些窝一点儿也没应验我对那位母亲的才能做出的评价。这是些用枯树叶和丝线混合制成的袋子。在这个土里土气的套子里有一个装着卵的细布袋，整个卵袋破烂不堪，因为从荆棘里取出来时不可避免会被撕破。不，我不能仅仅根据这些破布来判断艺术家的才能。

昆虫在建筑中表现出一定的建筑规范，这种规范同解剖学特点一样稳定，每一个群体都按自己的原则进行建造，自然美的原则在此得到遵守；但是许多时候，建造者不能控制环境因素的影响，空间、场地的不规则，材料的性质，以及其他意外的原因都会改变建造者的意图，打乱建筑结构，于是潜在的规律性表现为现实的混乱。

研究各类动物在不受干扰的情况下，所采用的建筑造型是个有趣的题目。彩带圆网蛛在空地上以及行动不太受限制的稀疏的树杈上织卵袋，织品是一个很精美的小球。圆网丝蛛同样有行动的自由，它那带月牙边的抛物面形的卵袋不失为优雅之作；另一位纺织高手迷宫漏斗蛛，难道在织婴儿帐篷时就不懂得讲究美观吗？我仅仅见到了它织的一个粗俗的袋子，这难道就是它所能达到的水准吗？

我希望在条件许可的情况下，它会做得更好些。只要在稠密的矮林里，在枯叶和细树枝堆里，它就会织出很不规整的织品来；但是如果迫使它在不受束缚的地方工作，我确信，那时它能不受拘束地发挥自己的才能，一定能证明自己精通编织优美卵袋的艺术。当 8 月中旬，产卵期临近时，我把 12 只迷宫漏斗蛛分别放在装着沙土的罐子里，用金属纱罩罩起来。纱罩中央插了一根百里香的小枝杈，供它们织卵袋时作支撑物，当然，四周的纱网也可作支撑物。里面不再有其他的陈设，没有使卵袋变形的枯树叶，就是母亲企图用枯树叶做袋子外套也别想获得。我每天都供给它蝗虫，只要肉质嫩、个头小，蜘蛛总是乐于接受。

实验结果如我所愿。将近8月底的时候，我得到了10个卵袋，形状优美，色泽光亮雪白。自由的工作场所使纺织女能不受束缚地顺从本能的灵感认真操作，撇开袋子吊挂处一些必要的棱角，我得到了工整优美的杰作。

这是一个用精致的白色细纹布做成的半透明袋子，母亲得长住于此，以便监护那窝卵。卵袋的体积差不多有一个鸡蛋那么大。小房间两头是敞开的，前面那个洞口延伸成一个宽阔的长廊；后面的洞口变得细长，呈漏斗颈状，这个颈部有什么作用，我不得而知。至于前面，比较大的那一头，无疑是一扇供应粮食的门。我看见蜘蛛时不时在那里停留，窥视蝗虫。它要在外面吃蝗虫，免得玷污了洁白的殿堂。

卵袋的结构和捕猎时期的住所不无相似之处，那个像漏斗一样细长的后门厅通向附近的地面，作为紧急出口；前面那个厅开放成一个大火山口，四面有丝绷着，这个厅让人想到了以前用来捕猎的陷阱，老窝的特点在这儿都能找到。这儿甚至也有个迷宫，只是非常小。在火山口的前面有丝索纵横交错，猎物从那儿经过时就会被捆住。每一种动物都采用一种建筑式样，哪怕是条件发生了变化，式样也会大体上保留下来。

不过，这个丝织的殿堂只是一个哨所，在云雾般柔和的乳白色丝墙后面，隐约可见那个放卵的圣物盒，外表布满了模模糊糊的荣誉十字勋章图案。这是一个宽大的很漂亮的暗白色袋子，周围有闪光的立柱把它固定在帷幔中央，并与外层隔离开。柱子的中间较细，上端膨胀成圆锥形的柱头，底端也是同样的形状。12根柱子一一相对，中间形成了走廊。走廊四通八达，通向房间周围的任何一个方向。母亲认真地在内院的拱

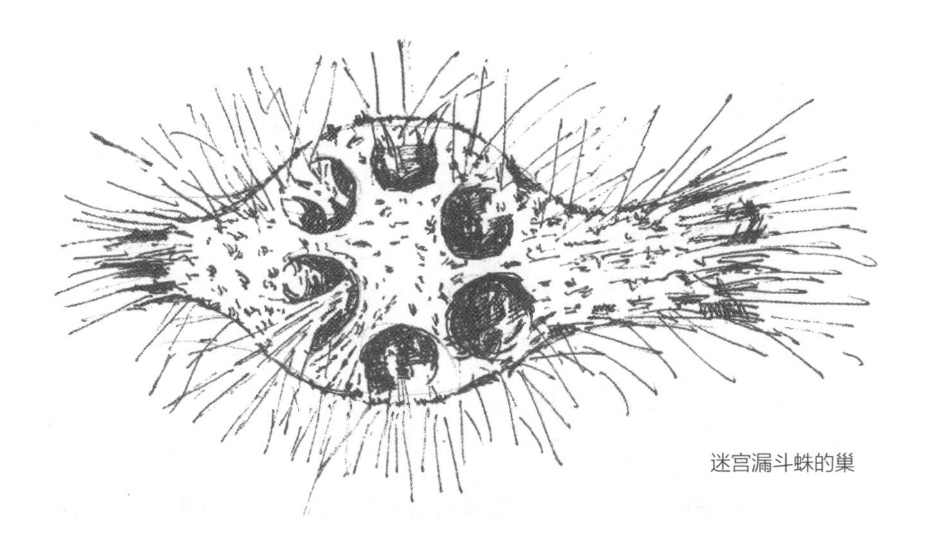

迷宫漏斗蛛的巢

廊里巡视，在这儿停停，那儿停停，长时间地把耳朵贴在卵袋上，听听绸布袋里有什么动静。打扰它的工作简直是野蛮行为。

为了进一步观察内部的情况，我们利用从野外带回来的那些破烂不堪的蜘蛛巢。撇开那些柱子不谈，卵袋呈倒圆锥形，像圆网丝蛛的卵袋。袋子的布料有一定的韧性，我用镊子用力拉才能把它撕破。卵袋里只有一团很细的白丝棉和卵，大约有 100 粒卵，一粒卵的直径为 1.5 毫米。卵看起来像淡黄色的琥珀珍珠，卵与卵没有粘连，当我把绒被揭去时，它们就会自由地滚动。我把卵全装进玻璃试管里，以便观察孵化的情况。

到远处建立新家

现在我们再简要地回顾一下。产卵期到来时，雌蜘蛛放弃了它的住所，放弃了那个可以接住滚落下来的猎物的火山口，放弃了那个使苍蝇再也飞不走的迷宫，它慷慨地把供养它的那些器具都原封不动地留在了原地。为了尽养育孩子的义务，它将到远处去建立一个新家。为什么要远走他乡呢？

它还得活好几个月，食物对它来说是必不可少的。如果在现在的住所附近织一个卵袋，并继续用那个高级陷阱捕猎岂不是更好吗？一面监护卵袋，一面可以毫不费力地获得食物，一举两得。蜘蛛却不这么想，我猜想着其中的缘由。

丝网和迷宫因为是白色的而且高高在上，老远就能看见。它们在阳光下，在常有猎物经过的道路上闪闪发光，把苍蝇和蝴蝶都吸引来了。就像我们家里的电灯和捕鸟者的镜子能引来虫子一样，谁要是跑到这个光芒四射的物体跟前，谁就会因为好奇心而付出生命的代价。没有什么比这闪光的物体更能使来往的过路者掉以轻心了，这也恰恰是对家庭的安全最大的威胁。

看到这个暴露在绿色灌木上的标志，许多开发者会蜂拥而至。有这个网指路，它们肯定可以找到那个宝贵的袋子。如果有一只外来的虫子跑来享用破布袋里的卵，就会毁了这个家。关于那些食客，我没有足够的材料，我还不了解迷宫漏斗蛛的敌人。

彩带圆网蛛自信它的织物无比结实，它把巢筑在谁都看得见的地方，把卵袋吊在荆棘上，也不采取任何隐蔽措施，结果它倒了霉。在它的小球里，我发现了一只佩带着产卵器的姬蜂。它的幼虫以蜘蛛的卵为生，在小桶似的卵袋中只剩下了一些空壳，小生命全部被消灭了。除此之外，我知道还有其他一些姬蜂也有掠夺蜘蛛的爱好，它们的孩子的常规饮食是一篮子鲜蛋。

迷宫漏斗蛛，就像我们看到的那只一样，害怕居心不良的探测卵袋者。预计到这种可能性，为了万无一失，它选择了一个远离居所的隐蔽处，远离那个“不打自招”的网。当感觉到卵巢里的卵已经成熟时，它就要搬家，乘着夜色出发去勘察地形，寻找一个危险性较小的隐蔽处。理想的地方是枝叶垂落地面的矮灌木林，即使冬天那儿也有密密匝匝的绿叶，地上满是从周围的橡树上掉下来的枯叶。那些长得非常茂密的迷迭香，对它尤其适合；因此，我往往能在那种地方找到它的巢。但并不是一下子就能找到，它隐藏得那么严密。

到此为止，还没有任何偏离常规的现象。由于世上到处是爱吃嫩肉的食客，所有的母亲都有所提防，谨慎地把家安在最隐蔽的地方。很少有谁忽视这种防范措施，大家各自按自己的办法把卵隐藏起来。

寸步不离的坚守

对于迷宫漏斗蛛来说，对卵采取保护措施时还要满足另一个条件，因而更复杂。大多数情况下，蜘蛛一旦找到安全的地方，就把卵遗弃在那儿，听凭命运的摆布。但是，荆棘丛里的迷宫漏斗蛛却相反，它们更具有母亲的责任感，就像满蟹蛛那样，必须守卫着那些卵直到孵化。

满蟹蛛用丝和合抱的小叶片在卵袋上方建一个哨所，并长期坚守在那儿。由于排卵和完全不吃东西，它消瘦得厉害，最后干瘪得像一片皱巴巴的鱼鳞。这位瘦弱不堪、几乎只剩下一层皮的母亲不吃不喝，顽强地撑着，勇敢地保卫着卵袋，与敢于来犯者搏斗，直到孩子们出发了才放心地死去。

迷宫漏斗蛛却聪明得多。产完卵以后，它不但不消瘦，而且始终保持着富贵的仪态，肚子略微有些鼓凸。它每天都准备猎杀蝗虫，胃口依然很好。因此在住所里被看护的卵袋旁边，还需要一个打猎的场所。我们已经见识了迷宫漏斗蛛按照严格的艺术原则，在我的网罩里建造起来的那个住所。

我们来回忆一下那个优美的卵袋，那个两头延伸成门厅的球形哨所。卵袋悬在中央，12 根柱子将它与周围隔开，前厅像一个火山口，看上去像捕兽器，边上竖着一圈一圈紧绷的丝组成的网，半透明的围墙使我们可以看见正在做家务的迷宫漏斗蛛。它可以从带拱顶的回廊走到星形卵袋的任何一点，不知疲倦地巡视着，不时停下来慈爱地拍拍那个缎袋，听一听袋子里有什么动静。如果我用麦秸在一个地方晃动一下，它就马上会跑过来，想弄清出了什么事。如此高的警惕能否对姬蜂和其他爱吃卵的敌人产生威慑作用呢？也许能，但是就算这种灾祸可以避免，其他灾祸也会在母亲不在时降临。

寸步不离的监视也没有使它忘记进食。我不时地放几只蝗虫在罩子里，其中一只刚好被大厅里的绳索缠住，蜘蛛飞快地跑过来，咬住这个冒失鬼，把它的大腿卸下来，将内脏掏空，那是猎物最精华的部分，尸体的其他部位，则根据当时的胃口或多或少吸食几口。蜘蛛是在哨所外面，就在门槛上吃东西，而不是在里面。蜘蛛不是为了打发难熬的守卫生活而吃零食，这可是正餐，食物还经常更换。如此大的胃口真让人吃惊。满蟹蛛也是虔诚的守卫者，拒绝了我送上的蜜蜂，而让自己饿死。眼前的这位母亲有必要吃这么多东西吗？有，当然，它有这个必要， 而且是天经地义的。

在开工之初，它已经消耗了许多丝，也许是所有的库存。这个双重住房，自己的加上孩子的，那可是个庞大的建筑，很费材料。即使这样，在将近一个月的时间里，我还看见它一层一层地加厚大房间和中间那个小屋的墙壁，它织出的布从最初的透明罗纱变成了不透明的缎子。围墙的厚度似乎总是不够厚，蜘蛛一直在那儿织呀织。为了满足巨大的消耗，它得不断地进食，以补充纺织时消耗的丝。

1个月过去了，大约在9月中旬，小蜘蛛孵化了，但没有离开那个袋子，它们在那床柔软的棉被里过冬。母亲继续守护着，并不停地编织，可体力却越来越不支。隔好长一段时间它才吃一只蝗虫，现在轮到它对我扔进捕猎器里的猎物不屑一顾了。日益明显的节食，是衰弱的信号，它放慢了工作节奏，最后停止了纺丝。

还剩四五周时间，母亲不停地迈着蹒跚的步子巡视着，听到袋子里的新生儿的蠢动声感到无比幸福。最终，在10月底，它紧紧抓住孩子们的房间，死了。它已尽到了母亲所能尽到的责任，小蜘蛛们的未来全靠天意了。春天到来时，小蜘蛛将从那柔软的小窝里出来，乘着被风吹走的丝飞行，疏散到四面八方，并且将在茂密的百里香上试着织出第一个迷宫。

房间里的“土墙”

尽管囚禁在罩子里的迷宫漏斗蛛筑的巢结构那么周正，织出的绸缎那么纯正，还是不能使我们了解到全部的情况。应该再回头去看看在野外发生的情况。将近12月底的时候，在我的年轻助手——孩子们的帮助下，我又开始了研究。我们沿着陡坡下一条树木掩映的石子小径搜寻，查看那些细弱的迷迭香，撩开盖在地上的分枝杈。我们的虔诚得到了成功的回报，仅用两小时就得到了好几个蜘蛛窝。啊！这些可怜的巢已经被这个季节恶劣的气候糟蹋得面目全非了！要找出这些破房子与建在网罩里的那个建筑物的相像之处，必须要有自信的眼光。拖地的小树枝上连着一个难看的卵袋，它躺在雨水冲积的沙土堆上，外面整个包裹着一层用几根丝胡乱连接拼凑起来的橡树叶，其中有一片比较宽大的叶子做房顶，把整个天花板固定住。要不是看见从两个门厅露出来的丝头，要不是用手把那个袋子上的叶片剥离时还感觉到一点儿韧性，我们真会以为这个玩意儿是意外堆积起来的、风和雨的作品。

我们再进一步来观察一下这个变了形的蛛巢，这是大房间，是母亲的卧室，我们在剥开包在外面的树叶时把它撕破了；这是哨所的圆回廊；那是中心卧室和它的立柱，整个都是用洁白的布料做成的，在外层的枯树叶保护下，房间没有被潮湿的泥土玷污。

现在我们打开孩子们的房间。这是什么？令我惊讶至极的是，房间里装着一个泥土做的硬核，好像是夹带着泥浆的雨水渗透进来了。可别这么想，因为灰缎子墙壁里面是干干净净的。这完全是母亲所为，它是故意这样做的，而且制作精心，那些沙粒是用丝粘在一起的，用手指捏一捏还有些硬。剥去外壳，我们看到除了这个矿物层之外，还有一层丝套裹在卵袋的外面，最后的保护层一被撕开，那些受到惊吓的小蜘蛛就到处逃窜，敏捷地四下分散开。这在如此昏沉沉的寒冷季节倒是显得很特别。

总而言之，当迷宫漏斗蛛在野外织卵袋时会在卵的周围，在两层绸套之间，用许多沙和少许丝混合起来建起一堵墙，以防姬蜂的探针和其他害虫的大颚。几乎找不到比用坚硬的石子和柔和的细纹布相结合更好的防护方法了。

这种防护措施似乎在蜘蛛家族中很常见。我们家中的大蜘蛛——家隅蛛把产下的卵装进一个小球，外面裹着一层用丝和墙上掉下的墙粉混合制成的硬壳。其他一些生活在野外石头下的蜘蛛，也采用类似的方法。

它们用丝黏合的矿物质外壳，把产下的卵包裹起来。同样的忧虑不安，促使它们想出了同样的保护方法。

那么养在网罩里的 5 位母亲为什么一个都没采用筑土墙的方法呢？沙子有的是，沙罩下的罐子里装满了沙。另外，在自然条件下，我也遇到过没有矿物层保护的卵袋，这些不完整的窝都筑在稠密的荆棘丛里，离地面有一段距离。而另一些包了一层沙的窝却搁在地上。

或许蜘蛛的筑巢过程能解释这种差别。泥水匠用的混凝土是用石子和砂浆搅拌而成的，同样，蜘蛛用丝和沙粒搅拌成砂浆，纺丝器不停地喷出丝来，而爪子则伸到从附近采集来的坚硬的矿物中搅拌。如果每搅拌完一粒沙子就停止喷丝，再到远处去寻找石子，混凝土就制不成。这些材料必须都是现成的，唾手可得的，否则蜘蛛就会放弃这道工序，照样继续做它的窝。

在我的网罩里，沙子离得太远，为了取到沙，蜘蛛必须从圆顶上下来，它以网纱为依托筑巢，所以得往下爬一拃多深。纺织女拒绝爬上爬下，老是这样重复地下来拣沙子，会给纺丝器的操作带来很大的难度。当蜘蛛把窝安在迷迭香丛中一定的高度时，它也拒绝筑混凝土墙，我还不知道原因何在。但是，只要窝接触地面，沙粒围墙就绝不会省掉。

由此我们是否可以证明动物的本能是可变的？它要么是在退化，从某种程度上说，它忽视了祖辈采用的保护方法；要么是在发展，带着几分犹豫向泥工艺术迈进。

不论从哪一方面考虑都无法下结论。迷宫漏斗蛛仅仅告诉我们，要使本能得到发挥需要有物质条件，否则就只能是一种潜能，本能能否发挥，这要依特定时期的特定条件而定。

把沙子搁在它脚下，纺织女就会把它和成混凝土；不给它沙子或把沙子放得远远的，它就只会织塔夫绸。但它始终准备着做泥水匠，只要条件许可。我观察得来的所有材料都说明，指望蜘蛛做出其他革新是不明智的，革新将会从根本上改变它的工艺，并使它抛弃诸如两个门厅的房子和星形卵袋等，转而去编织彩带圆网蛛的梨形羊皮袋。

克罗多蛛

克罗多蛛的优雅“小屋”

想不想认识一下克罗多蛛？在橄榄树的故乡，太阳烧灼着岩石很多的山坡，我们去翻开那些平坦的大石头看看。我们还应该去寻访牧羊人垒起作凳子用的石堆，牧羊人常坐在上面，居高临下地监视草地上的羊群。别让我们失望，克罗多蛛很少见，不是所有地方都适合它生长。如果幸运之神对我们坚忍不拔的精神报以微笑，我们将会看见，在翻起的石头下粘着一个外表粗糙的建筑物，形状像一个倒置的圆屋顶，相当于半个橘子那么大，表面镶嵌着或是悬挂着小贝壳和小土块，更多的是干枯的昆虫。

圆顶的边上有 12 个呈放射状分布的突角，扩张开的尖角固定在石头上。在这些尖角之间又展现出同样多的倒圆拱，看上去既像一座用驼毛造的房子，又像是犹太人的帐篷，不过是倒置的，固定在吊带间紧绷的平顶，从上面封住

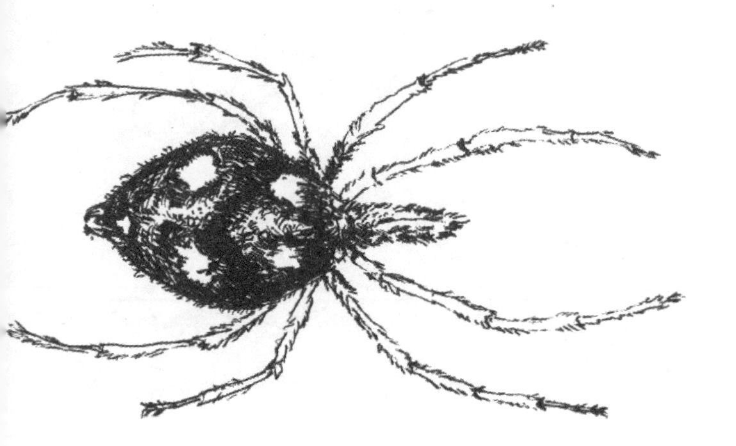

杜氏克罗多蛛。克罗多是神话中编织命运的女神。

了居所。

门在哪儿呢？边缘所有的圆拱都朝屋顶张开，没有一个是通向内部的。我用目光搜寻了半天，也没发现一条联系内外的通道。这座小屋的主人总该时不时出门，去寻找食物吧，巡视完以后，也总得回家。那它从哪儿进去呢？只要用一根麦秸就能揭开这个秘密。

用麦秸在每一个圆拱廊口上捅一下，到处都是硬的，到处都关得严严实实。巧妙地结合成的月牙形边饰中只有一处，形状看上去和别的圆拱没什么不同，但是边缘分成两瓣，像两片微微张开的嘴唇。这就是门，它靠自己的弹性会自动关闭。不仅如此，蜘蛛回到家后经常把门闩插上，即用一些丝把那两扇门粘上，固定住。

泥水匠原蛛的洞穴上有一个盖子，看上去和周围的地面没什么两样。这是一扇活动的门，上面装有铰链。尽管如此，它的家也不见得比克罗多蛛的帐篷更安全。敌人若是不了解门道，克罗多蛛的家是无法进入的。当遇到危险时，克罗多蛛赶紧往家里跑，它用足推一下门，门就会张开一条缝，它一钻进去就不见了，门会自动关闭，必要时拉几根丝把门锁上。被那么多一模一样的圆拱廊难倒了的强盗，永远也不会发现被追踪者突然消失的秘密。

把简单的创造变成防御系统的克罗多蛛，对生活的讲究程度远远超过了原蛛。打开它的小屋看看，多么豪华啊！据说古代有位骄奢淫逸的人，仅仅因为床上有一片玫瑰叶就无法休息，觉得硌得慌。克罗多蛛也同样挑剔，它的被子比天鹅绒还柔软，比夏季孕育着暴雨的云团还要白，是一种理想的莫列顿呢。床的上方有一个同样柔软的华盖，在华盖和莫列顿呢之间狭小的空间里，有一只蜘蛛在休息，它的腿很短，穿着深色衣服，背上佩戴着 5 枚黄色的徽章。

在这个优雅的小屋里休息需要绝对的平稳，特别是天气多变的日子，当穿堂风从石头下钻进来时。这个条件在小屋里能得到很好的满足。我们来仔细地看一看这所住宅，月牙边像围栏似的把屋顶框住，以尖端固定在石头上，支撑着建筑物的重量。除此以外，每个粘接点通过一束散射的丝粘在石头上，整条丝都粘在石头上而且延伸得很长。我量了一下有一拃长。这些丝就像锚绳，相当于贝都因人[①]用来固定帐篷的小木桩和绳子。有这么稠密、排列这么有规律的支撑点，这张吊床是不会被连根拔起的，除非是蜘蛛遭到了意想不到的暴行，当然这种情况是很少见的。

小屋外的“垃圾”是做什么用的？

有一个细节也引起了我们的注意。房子里面一尘不染，可外面到处

① 阿拉伯人的一支。——编辑注

是垃圾，有小土块、烂木渣、小沙砾，而且经常比这还要糟，帐篷外成了尸体堆，在那儿或镶嵌着或垂吊着一些砂潜和盗虻的干尸，以及一些喜欢躲在岩石下面的拟步甲，有断成一截一截的、被太阳晒得发白的赤马陆，也有生活在碎石堆里的蛹螺的贝壳，还有最小的隧蜂。

这些尸体显然大部分都是餐桌上的残羹剩菜。不善设圈套的克罗多蛛采用围猎的方法，过着游猎生活，从一块石头下转移到另一块石头下。谁要是夜里钻进克罗多蛛的石板下就会被它掐死，榨干了的尸体不是被扔得远远的，而是被挂在丝墙上，好像是想以此来吓唬人，但这显然不是它的目的。以吸血为生的恶魔既然要让自己想抓的猎物放心大胆地上门，就不该把遇难者的尸体吊在城堡的绞刑架上。

其他原因更加深了我的怀疑。吊在帐篷上的贝壳大部分是空的，但有的里面有软体动物，还完好无损地活着，克罗多蛛是怎样处置蛹螺，以及其他一些缩在小塔螺里的动物的呢?

蜘蛛既无法砸烂那石灰质的外壳，又无法从螺口上把缩在里面的软体动物挖出来，它为什么还要拣这种东西呢?况且里面黏糊糊的肉也未必合它的口味。我怀疑这些东西只是被当作固沙的沉子。为了防止织在墙角上的蛛网一遇到风吹就变形，家隅蛛往网里装石膏，把老墙上掉下的粉末积在里头。我们眼前所见的这些东西是否有同样的作用呢?做个实验吧，这是检验各种猜测的最好方法。

饲养克罗多蛛不是一项繁重的工作，没必要把它做了窝的那块沉重的石板搬回家，只要采用一种简单的方法就行了。我用小刀尖把石头上的吊索割断，蜘蛛很少会逃跑，它不喜欢出门。此外，我在搬动时也尽可能地小心。就这样，我把这座小房子连同它的主人装入一个纸筒里带回了家。

我有时用柳条筐或是没用的干酪盒子，有时用硬纸板来代替那块因为太重、放在桌上太占位置而舍弃了的石板。我把蜘蛛的丝吊床分别放在这些石板的替代品上，将吊床的吊角一一用胶带粘上，再用三根短棍支撑着。现在，一个像石桌坟形状的仿制品完成了。在整个的操作过程中，如果能注意避免敲击和晃动小房子，蜘蛛就不会从家里跑出来。最后把这些小房子放在罩着金属纱罩的沙罐里。

第二天，我们就得到答案了。如果用柳条或是纸板做吊顶的小房子中，有个别在采掘过程中破损或是严重变形了，蜘蛛就会在夜间放弃这个家，到别处去住，有时甚至就待在网纱上。

花了几小时搭成的新帐篷，几乎只有一个两法郎的硬币那么大。而且按照老宅的建筑原则建造的新帐篷，是由两层重叠的薄网组成的，上面的一层很平，成了床顶的华盖。下面一层是弧形的，形成了一个小袋子。由于袋子布料非常纤细，稍有不慎就会使袋子变形，以致侵占掉原本就很小、仅够容纳那只蜘蛛的空间。

那么，为了使纤细的薄纱保持坚挺和平稳，以保留最大的空间，蜘蛛做了些什么呢？确切地说它的做法符合我们的平衡定律，它给建筑装压载物，并尽量把屋子的重心降低，在袋子凸出的部分挂上一长串一长串用丝线串起来的沙粒。这些钟乳石状的纱丝串，整个看上去像一把浓密的胡子，沙串末端缀着一块大石子，垂得低低的。这些悬垂物整体上就起着压载物、平衡器和压力器的作用。

这个一夜之间匆匆建起来的建筑物，只是不久就能居住的新房子的雏形，还得不断地加上一些压载物，最后袋壁将变成厚莫列顿呢，其本身能保持弧形和保留所需的容量。这时蜘蛛放弃了刚开始织袋时使用的、对加压很有效的钟乳石状的沙串，而只采用一些比较重的东西作为新房

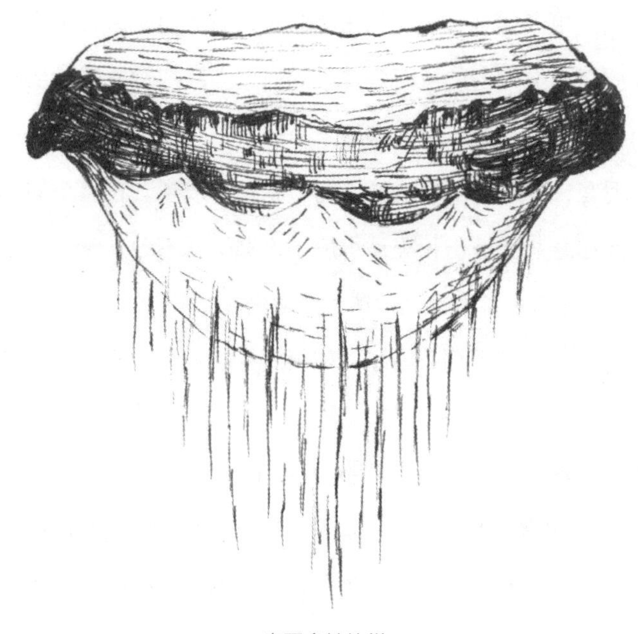

克罗多蛛的巢

子的压载物，主要使用的是昆虫的尸体，因为这不需去寻找，每餐后，脚下都有昆虫尸体的残骸。在这儿，尸体被当作碎石，而不是用来炫耀的战利品。昆虫的尸体代替了要到远处才能找到的材料，并被挂在帐篷上，这样便形成了一个起加固和平衡作用的支架。此外，蜘蛛还经常用一些小贝壳和其他的长串悬垂物来增加房子的平衡性。

如果把一间早已装修得尽善尽美的旧房子的外部装饰物去掉，会是什么样子呢？遇到这种灾难，蜘蛛会不会重新采用沙串这种稳定房子的快捷方法呢？这一点很快就有答案了。我在纱罩里的小镇上选中了一座大房子，然后把它的外层剥去，小心翼翼地把不属于房屋本体的东西都剥掉，结果露出了白色的丝。这座房子很漂亮，但是我觉得它太松松垮垮了。

这也是蜘蛛的看法，当天晚上它就开始工作了，它要把房子的外层修复好。如何修复呢？还是用悬挂沙串的办法，用几个晚上的时间，丝袋外面便布满了密密麻麻的钟乳石状的长胡须，这个特殊的工程对于固定织物，使之保持弧形极其有效。同样，吊桥的吊索也是靠桥面的重量来保持平衡的。

后来，随着蜘蛛进食，吃剩下的昆虫尸体就镶嵌到了袋子上，用丝串连起来的沙子渐渐地脱落，蜘蛛的大宅又恢复成尸体堆的样子了。现在我们又得出了同一个结论：克罗多蛛有它自己的平衡学，它会用加重的方法降低重心，使它的房子既平稳又有足够的空间。

昼伏夜出

那么克罗多蛛在铺垫得那么柔软的房子里做什么呢？据我所知，它什么也不做。它填饱了肚子，就伸开腿舒舒服服地趴在柔软的地毯上，什么也不干，什么也不想，静静地听着地球转动的声音。它没睡着，更不是醒着，而是处于一种似睡非睡的状态，心中有一种说不出的舒适感。当我们躺在舒适的床上就要睡着的那一刻，也会感到无比幸福。思维和印象开始消失的时刻也同样是很美好的，克罗多蛛似乎有同样的感觉，它也充分地享受这美好的时光。

当我把蜘蛛的房门打开时，总是看见它一动不动，像是没完没了地沉思，必须用一根草去逗弄它，才能使它从沉思中苏醒。只有饥饿的刺激才能使它走出房子，可它非常节制饮食，所以很少在外面露面。我用了 3 年的时间坚持观察，在实验室里与它朝夕相处，却一次也没见过它大白天在网罩里捕猎。只有夜晚，夜深人静时，它才外出去冒险，去寻找食物。想跟随它出征几乎是不可能的。

耐心地等待之后，我终于在晚上 10 点钟时看到它在平坦的房顶上乘凉，也许它是在那里窥视经过的猎物。受到烛光的惊吓，喜好黑暗的朋友嗖一下地就跑回家去了，它拒不公开自己的小秘密。只是第二天，小房间墙上多出的一具吊着的尸体证明，我走了以后它再次出去捕猎，并获得了成功。

小克罗多蛛的孵化

过分的羞涩并且昼伏夜出，克罗多蛛向我们隐瞒了它的习俗，它把自己的作品——写故事的宝贵材料交给了我们，但是它不让我们知道它是怎么做的，特别是我将近 10 月份时带回家的那窝卵是如何产下的，更是不得而知。产下的卵分装在五六个透镜状的扁袋子里，占据了母亲的房间的大部分。这些包囊每一个都有自己的高级白缎包囊壁，但是包囊与房间的地板以及包囊之间都粘得非常紧，根本无法将它们分开，要想得到独立的包囊，除非把它们撕破。全部的卵加起来大约有 100 粒。

母亲趴在那堆小袋子上，像老母鸡孵小鸡似的忠于职守。产卵并未使它变弱，尽管块头儿小了一点儿，但看上去始终很健康。圆滚滚的肚皮和紧绷绷的皮肤首先证明，它的任务还没完成。

卵孵化得很早。11 月份还没到，小囊袋里已经有孵出来的小蜘蛛了，它们个头儿很小，穿着带 5 个黄色斑点的深色衣服，和成年蜘蛛长得一模一样。新生儿没有离开各自的凹室，紧紧地挤在一起，在那儿度过整个冬季。母亲则蹲在包囊上负责安全警戒工作，除了通过包囊壁能感觉到微微的颤动外，它还不知道自己的孩子是什么样的呢。我们看到迷宫漏斗蛛连续两个月待在观察所里，保护着它永远也见不到面的孩子们。而克罗多蛛要守护将近 8 个月，它理所当然应该能见到孩子们在大房间里，在它身边碎步小跑，并能目睹它们最后的迁移，看着它们吊在丝端去长途旅行。

当炎热的6月到来时，小蜘蛛也许是在母亲的帮助下捅破了包囊壁，才从母亲的帐篷里出来的。那扇秘密门的诀窍，它们知道得一清二楚。它们在门口用了几小时的时间呼吸新鲜空气，随后相继被制绳厂制造的第一个产品——缆绳气球带着飞走了。

老克罗多蛛留在那儿，并不因为孩子们移居他乡，留下它孤零零一个而感到忧虑不安。它非但没有变憔悴，反而显得更年轻了，那鲜亮的颜色和充满活力的外表，让人猜想它的寿命还长着呢，还能再次生育。

搬离旧居，建造新家

关于这个问题，我只有一份材料，而且是比较有说服力的。尽管我很有耐心，这些不同寻常的母亲也没让我监视它们的行动；尽管我饲养得很精心，结果却进展缓慢，它们还是在孩子们出发后离开了原来的家，到别的地方去重新造房子。每只老克罗多蛛都在网纱上为自己造了一间新屋子。

新屋子还只是些粗胚，是一夜的劳动成果，两层重叠的帷幔，上面一层是平的，下面一层底部凹陷，并且用钟乳石状的沙粒作压载物，两层帷幔构成了新房子，随着日复一日地一层层加厚，新房子将变得和老房子一模一样。为什么蜘蛛要放弃它那座尚未破损，甚至从外表看还很好的旧房子呢？如果这不是幻想，我认为自己隐约看出了它的动机。

原先那间小屋尽管铺着厚实的地毯，却有些严重的缺陷，里面堆满了孩子们残留下来的小卧室。我用镊子去拔这些废墟都很困难，因为它们跟房间的其余部分连成了一体。对克罗多蛛来说，这该是一项很费力的工作，也许是它力所不及的。这是个伤脑筋的难题，连出这道难题的纺织女自己也解决不了，那就只能抛弃那堆废墟了。

如果克罗多蛛独自居住，倒是不太要紧，好歹只是空间小了一点儿，它只需要一点儿空间，只要转得了身就行了！可是后来，当它在那些碍手碍脚的凹室堆边度过七八个月后，为什么又突然想要有一个大房间呢？我看只有一个原因，那就是，蜘蛛需要一间大房子并不是为了自己，它自己只要一个狭小的住处就够了，它是为了生第二批孩子才需要更大的房子。

既然第一次产卵留下的残留物已经把房间占满了，还能把小卵袋放在哪儿呢？新生儿需要新房间。这也许就是搬家的原因。蜘蛛感到卵巢尚未枯竭，于是便要搬家，去另外造一座房子。至于换房的情况，我只了解观察到的一些事实。由于有其他事要做，而且长期饲养克罗多蛛有许多困难，我无法再继续深入地研究下去，不能像以前研究狼蛛时那样去研究克罗多蛛多次产卵的情况，以及研究它的寿命有多长，为此我感到很遗憾。

为什么小蜘蛛不吃东西，还能照常活动呢？

离开这只克罗多蛛之前，我们再简要地回顾一下狼蛛的孩子引发的问题：它们在母亲背上的 7 个月里，从不吃东西却一直保持着旺盛的精力，它们从母亲背上摔下来是常事，但它们每次都会顺着母亲的一条腿爬上去，赶快坐回自己的位置，这对它们来说是日常的训练。它们消耗了能量却没有物质补充。

克罗多蛛的孩子，迷宫漏斗蛛的孩子，还有其他蜘蛛的孩子也节食，它们在运动却不吃东西；在整个幼年时期，即使是在冬天也一样。在寒冬腊月里，我撕开了一只克罗多蛛的小囊袋和另一只迷宫漏斗蛛的圣物盒，以为会见到一群因寒冷和饥饿而冻僵的、没有一点儿活力的婴孩。可是我看到的完全不是这么回事，关在里面的小蜘蛛见家门被人撬开了，马上匆匆地往外跑，它们四下逃窜，和进入迁移期这一最佳时期时一样活跃。看它们疾步小跑的样子真是不可思议，小山鹑受到狗的惊吓也不会跑得比它们更快。小巧可爱的像黄色绒毛球似的小鸡，在听到母亲召唤时会飞快地跑向装着小米粒的盘子。习惯已使我们对动物快速而准确无误的机械反应习以为常，视而不见。我们不会去注意这些，因为这一切在我们看来是那样的简单。科学家则以不同的方式探索和观察事物。科学家认为：万事都有因果，小鸡吃食，它消耗或者更确切地说耗热，把食物变成热量，进而转化成能量。

如果有人说，一只小雏鸟从蛋里孵化出来后，一连七八个月不吃一点儿食物，还一直能跑，始终精力充沛，行动敏捷，恐怕找不到充分理由来消除我们的怀疑。然而，不进食还能照常活动，这种不合情理的事偏偏就让克罗多蛛和其他蜘蛛变成了现实。

我记得我已经证明过，小狼蛛在母亲背上时是不吃东西的。严格地说，若有怀疑也是可以理解的，因为我们无法观察到迟早会在秘密的洞穴里发生的事儿，也许在洞穴里，母亲口对口地把肚子里装的食物渣喂给小狼蛛吃了。克罗多蛛能解答这个疑问。

像狼蛛一样，克罗多蛛也和孩子住在一起，但是它和孩子们之间被婴儿室密封的围墙隔开了。在这种情况下，根本不可能传递固体的食物。也许有人会想，母亲吐出的营养液从围墙渗透进去，里面的孩子就能喝到了。迷宫漏斗蛛使我们打消了这个念头，小蜘蛛孵化出来几星期后它就死了，而小蜘蛛在绸缎织成的房子里关了半年，并没因此而变得更瘦弱。

它们会不会吃包裹在外面的丝呢？它们会吃房子吗？这并不是荒唐的猜测，因为我们已经见过圆网蛛织新网之前，先要咽下废弃的房子。然而，狼蛛证实了这种解释是行不通的，它的孩子们根本没有丝网。总之，可以肯定，那些小蜘蛛，不管是哪种蜘蛛的孩子，绝对没有吃任何东西。

最后，人们心里或许还会想，小蜘蛛自己身体里也许储存着从卵里带来的物质，比如脂肪或是其他能渐渐地转化为机械能的物质。如果这种能量的消耗只维持很短的时间，几小时，几天，那我们也会欣然接受这种观点，因为来到世上的任何生物都有这种特点。比如小鸡很明显地具有这种特点，它仅靠从蛋里带来的储粮就可以稳稳当当地站起来，活动一段时间。但是，一旦胃里没有了食物，制造能量的火炉就会熄灭，小鸡也会死去。要它保持七八个月不停歇，一直站着，动个不停，还得躲避危险，这怎么可能呢？它哪儿有地方储存足以维持这么大消耗的储备物呢？

小蜘蛛本来身体就很微小，它能把足够维持机器长期运转的燃料储存在哪儿呢？一个“原子”竟能储存用之不竭的机油，这是何等不可思议，想到此，我们不得不打消这种念头。

我们只能借助于非物质的，特别是来自外界的热辐射来解释这个问题，即小蜘蛛通过身体器官将热辐射转化为动力。这是压缩到最简单形式的能量营养：这种热动力不是从食物中释放出来的，而是能直接利用，就像一切生命物质的热能源泉——阳光一样。天然的物质有着令人困惑的秘密，镭就是证明；生物也有自己的秘密，而且更具神秘色彩，谁也说不准由蜘蛛引起的这种猜测，是否有朝一日会被科学验证，并因此而发现生理学的基本定理。

蜡衣虫

昆虫母亲的技艺

在孩子们大批迁移后，克罗多蛛放弃了它那铺着半指厚的莫列顿呢地毯的小屋。那小屋如此温暖舒适，现在却堆满垃圾，妨碍了第二次产卵。它将去别的地方造一张轻巧的带华盖的吊床，建造一座经济的小屋，在那儿度过剩下的好时光。那些还不到婚嫁年龄的克罗多蛛对御寒也没有更多的要求，凭着它们顽强的耐寒力，只需要一顶遮蔽在岩石下的细布帐篷就够了。

相反，当热天即将过去时，雌克罗多蛛则急于扩大和加厚住宅，为此它们不惜耗尽储存的丝，储丝仓库是靠它在夏季夜晚狩猎才储满的。霜降时，也许它们会发现，这个富丽堂皇的小城堡比最初那张小里小气的吊床舒适多了。然而它建造这座房子完全不是为自己，而是为即将出生的孩子。自那以后围墙总是不够结实，地毯倒是很柔软。

克罗多蛛的最佳作品当属它的窝，与之相比，燕雀和金丝雀的窝只不过是些土里土气的建筑。当然，雌克罗多蛛不在窝里孵卵，它不是孵化器，也不嘴对嘴地喂它的孩子，再说它的孩子也不需要，但它极其温柔。它一连 8 个月守着它的卵，保护着它们，那份虔诚完全比得上甚至超过了鸟类。

母性是昆虫灵感的源泉，成千上万个杰作证明了母亲的技艺。回想一下，我有幸向读者介绍过的杰作——迷宫漏斗蛛的杰作，那难道不是一道用泥土和丝混合建造的城墙，一道用来防止卵被姬蜂刺到的密不透风的城墙吗？

每一位母亲都会采取类似的防御措施，有的办法巧妙，有的则极其简单。奇怪的是，昆虫能力的高低与它们等级的划分并不一致。一些长着鞘翅护甲，带着漂亮羽饰，披着金色鳞片，跻身于高级昆虫行列的昆虫，什么本事也没有，或者说几乎没有；它们外表华贵，实际上蠢笨无知。而另外一些出身最卑贱，不被人注意的昆虫，只要我们稍加留意就会对它们的才智赞叹不已。

在我们人类社会中不也是如此吗？有真才实学者往往避开惹人注目的豪华。为了使我们所拥有的点滴才智发挥出来，就需要贫穷的刺激。早在 1900 年前，古罗马诗人波西蔼斯就在一首讽刺诗的开头写道：

肚子发展了人的天才，传授人以技术。

有一句谚语用较婉转的方式重复了这句老话：

未在楼顶草堆上放熟的欧楂，分文不值。

人也和欧楂一样。

动物如同人类，需求能激发出才智，有时会使它们做出超乎我们想象的发明创造。我认识一种最平凡、最不为世人所了解的昆虫，它为了保护自己的后代，解决了以下的难题：在产卵期，它使体长比平时增加一倍；身体的前段专为自己服务，进食、消化食物、散步、享受阳光的温暖；而身体的后半段变成了托儿所、哺乳室，孩子在那儿孵化、成熟。这个奇特的昆虫名叫蜡衣虫，在大戟上时常可以见到这种昆虫。

衣着优雅的蜡衣虫

大戟喜欢适合橄榄树生长的气候。在塞里尼昂山岗上，到处生长着大戟，在最贫瘠的地方，它那青绿色的繁茂枝叶与周围草木稀疏的环境形成了鲜明的对照。它扎根于碎石堆中，碎石将阳光反射到它身上。冬季，茂密的枝叶使它能抵御寒冬的侵袭。

不管怎样，它有自己的智慧。当愚蠢的杏树让花冠在北风中瑟瑟发抖时，它却不慌不忙，继续观察着天气变化；它弯成曲棍形以保护稚嫩的花冠。严寒冰冻过去了，大戟突然灌满了汁液，花茎里充满了有火炭味的乳液，花冠绽开深色的伞形小花。当年出生的第一批小苍蝇便来此畅饮。

再过几天，随着天气转暖，我们将会看见，许多居民慢慢地从大戟下的死叶堆里钻出来，这就是蜡衣虫。它准备离开过冬的地方，在腐叶堆里的蜡衣虫过一段时间就小心地向上挪一点，在高高的植物的底部等待春暖花开，用取之不尽的甘露庆贺春天的到来。

4 月，最迟到 5 月，搬迁就完成了，所有的小昆虫都聚集在树干的高处，一群一群地挤在一起，密密麻麻的，有点儿像蚜虫。蜡衣虫长着钻针般的嘴，以饮树汁为生。它其实就是蚜科昆虫，而且也具有蚜虫的居住方式和社会习俗；但是它远不像我们常常在蔷薇和其他植物上见到的光溜溜、胖乎乎的蚜虫的模样，它的穿着和举止都十分高雅。

笃耨树上的橘黄色蚜虫包在角瘿里或是杏子一般的圆瘿里，有一条细细的长尾巴，轻轻一碰就会变成粉末；而蜡衣虫不同，它穿着套装，那是一件齐膝紧身外衣，但较脆弱，用针尖一扎就会裂成一块一块的，就像是一层易碎的壳。

这件外套不论是式样还是颜色，都不漂亮。蜡衣虫浑身上下都是不透明的白色，看起来比乳白更柔和，上身着卷曲的灯芯条绒短上衣，在4条纵向排列的长条绒之间还分布着一些短条绒；后摆是由10条带子组成的流苏，流苏渐渐散开，排成梳齿状；胸部有一块花纹对称的护胸甲，护胸甲上有6个清晰的圆洞，棕色的腿从洞里伸出来，赤裸裸的，活动很自如；护胸甲和背部的卷绒上衣合在一起，构成了一件无袖的绒背心，袖孔紧束；护胸甲上的那些洞为嘴和触角自由活动提供了便利；白色的宽袖长衫延伸向身体的其他部位。

这是冬装，它遮住了昆虫的整个身体，但不超出身体的长度。不久以后，到了产卵期，衣服的后摆加长了，好像这只昆虫在疯长，身长增加了两倍；而实际上它并没长，新添的部分像威尼斯轻舟翘起的船艄，上部有平行的宽凹槽，下面有细细的、几乎是光滑的条纹，尾部像被砍掉了一截似的，用放大镜可以看到那里有一个横的切口，里面塞着细棉花。

这件衣服的衣料易碎、易化，而且易燃，会在纸上留下一个半透明的印迹。这些特点说明，它是一种蜡，有点儿像蜂蜡。为了得到这种蜡，我不是从蜡衣虫身上一小块一小块往下剥，而是抓了一把蜡衣虫投入沸水中。蜡衣化开了，分解成一种油状液体漂于水上，被剥光了衣服的蜡衣虫沉入了水底。经过冷却，浮在水上的薄薄一层油脂凝成了一片黄色的琥珀。

这颜色让我感到有些意外，蜡衣原本的颜色与乳白色差不多，而熔化后却变成了树脂的颜色。这是分子排列不同造成的，没有别的原因。

为了使黄色的蜡变白，例如把蜂蜡变白，制蜡工将蜡熔化，再将熔化的蜡倒在凉水里，使它变成薄薄的蜡纸，然后把蜡纸放在筛子里，搁在太阳下晒。经过多次反复的熔化，凝固，曝晒，慢慢地改变了分子结构，蜡就变白了。在漂白工艺方面，蜡衣虫不知要比我们高明多少倍呢！

无须一次次地熔化和长久的日晒，它就能一下子把黄色的蜡变成无与伦比的白色蜡。它以温和的方式得到了我们手工作坊里用粗劣的方法得到的成果。

和蜂蜡一样，蜡衣虫身上的蜡也不是从别处收集来的，而是直接生成的，是从皮下渗出来的。蜡衣虫身上弯弯曲曲的灯芯条绒纹和有规则的细纹，以及漂亮的凹槽，无须经过加工，从毛孔里渗出的蜡会自动成形，就像小鸟的羽毛外衣一样。这些也是在身体内部结构的作用下自然而然长成的，无须人为地去整理它。

小蜡衣虫

刚孵化出来的蜡衣虫浑身赤裸裸的，呈棕色。离开母亲去大戟树上定居前，为了能喝上第一口树汁，它身上很快布满了白点，这是它未来穿的上衣的雏形。渐渐地，这些白点多了起来，并变成了灯芯条绒状。小蜡衣虫离开母亲时就已经和成年蜡衣虫的穿着一样了。

蜡液持续渗出，这件白长衫不断地扩大，不断地完善。因此，被我剥掉外衣的蜡衣虫应该还能够长出新衣来。实验证实了我的猜测，我用针划破了一只成年蜡衣虫的外衣，用毛刷一扫就把它的外衣剥掉了，受害者露出了可怜的棕色皮肤。我把它隔离在一根大戟枝上，两三周后，它的外衣又长成了，虽然没有第一件那么宽大，但好歹过得去，裁剪也合体。这些蜡本来是应该用来加大原来那件外衣的，现在却用来做了另一件衣服。蜡衣虫使尾部超出实际身长两倍有什么好处呢？这只是简单的装饰吗？这可不止是装饰物，到了4月，把这个奇怪的装饰物掰下来，打开，就会发现里面是凹陷的，凹陷处填满了漂亮的棉花，任何羽绒都没有这么柔软，这么白。在这条高级羽绒被中间散布着一些卵形珍珠，有白色的，也有棕红色的，这些就是卵。在卵中间混杂着一些躁动的新生儿，有的赤裸着身子，也有的身上程度不同地长着白点，那是因为它们的蜡衣大小不同。

另外请注意那些懒洋洋地待在大戟树上游荡的蜡衣虫。我看到，隔好长一段时间，才有一个穿着考究的孩子从棉袋里钻出来，它迈着轻快的步子跑过来，在母亲身边找到一个位置，安顿下来后便将喙插进多汁的树皮下，不把那口井吸干它是不会挪动的。每天都会有小孩从棉袋里钻出来，这要持续数月之久！

蜡衣虫的“育儿袋”

如果仅有这种观察，人们会认为蜡衣虫是胎生动物，能在这儿或那儿产下一个个穿着衣服的小生命。根本不是这回事，在塞满棉花的袋子里，我们刚才发现了卵和一些孵化出来的孩子；再说要想看到产卵和孵化也并不是难事儿。

我把几只被摘去尾袋的蜡衣虫放在一个装着一根大戟树枝的玻璃试管里，它们那裸露在外的尾部将不再有秘密。我看见那儿长出了一小撮白色的像霉点似的东西，这是从屁股后面分泌出来的蜡，只不过不是灯芯状的，而是非常细的丝，袋子里面的棉绒应该就是这样形成的。不久，柔软的细丝里出现了一粒卵，与我们从盗来的那个育儿箱里得到的一模一样。

用这种方法，我可以估算出一窝卵的数量有多少。在一支装有食物的玻璃试管里，两只被剥去尾袋的蜡衣虫 13 天里产了 30 粒卵，大约各产 15 粒，或者说差不多是每天产一粒卵。由于产卵期持续将近 5 个月，一只母蜡衣虫产卵的总数应该是 200 粒左右。

卵的孵化要经过三四周，这可以从卵由白色变成浅棕红色这一颜色的变化反映出来。刚出卵壳的小蜡衣虫是棕红色的，全身光溜溜的，外表看上去和小蜘蛛十分相像。它那一对长长的触角很像是两条腿，不久它们背上出现了 4 条纵向生长的白色细灯芯条绒，灯芯条绒之间留着空白，这是初步形成的蜡质外套。

蜡衣虫的产卵期长达 4 个多月，孵化却相对迅速。那个由渐渐分泌出的蜡丝构成的绒被告诉我们，为什么在育儿袋里既有白色和棕红色的卵，又有全身赤裸的，或是穿得很单薄的幼儿。原来这个袋子是个仓库，产下的卵要在那儿存放数月之久。

小蜡衣虫在袋子里柔软的棉絮中孵化、成熟，在迎接严寒的考验之前，先穿上蜡制的衣服。母亲带着孩子们缓缓地从大戟树的一根枝杈转移到另一根枝杈，并不担心孩子们走失。当孩子感到自己身强力壮时就该疏散到附近去定居了，育儿室的门始终是敞开着的，只要把挡在门口的棉絮推开一点儿就可以进出。

纳博讷狼蛛带孩子时可没这么细心，安全意识也没这么强。这个“波西米亚人”背上的孩子没遮没挡，也没有任何防止孩子跌落下来的措施，在极为拥挤的情况下，孩子跌落是常有的事儿。

深受启发的蜡衣虫把自己的外套做成了燕尾服形的袋子，用尾部分泌出的丝束做成了柔软的垫子。为了找到一个类似的例子，我们得从大戟树上的蜡衣虫追溯到最早的哺乳动物袋鼠、负鼠和其他一些在肚皮褶皱里养育婴儿的动物。早产的、发育不全的胎儿被装在母亲的乳房之间，它们将在育儿袋里或者说囊袋里完成发育。

我们就用“囊袋”这个词来称呼蜡衣虫的袋子吧。昆虫和毛皮动物的囊袋相似之处很多，但前者还是比后者略高一筹。许多时候，生命从小动物那儿开始时非常出色，而到了大动物那儿就变得平平庸庸；在最初的囊袋的发明中，蚜虫发现了比负鼠更好的方法。

在实验室里观察蜡衣虫

为了更便于继续讲述小昆虫的故事，以及避免在小路边被火热的太阳烤晒，我在实验室的一扇窗前安置了一个透明的罐子，里面放了一大簇大戟。在我的照顾下，今年 3 月，这棵植物上已经移入了三四打蜡衣虫，它们佩带着大小不等的囊袋。饲养蜡衣虫获得了预期的成功，大戟长势茂盛，它的居民也很兴旺。蜡衣虫的囊袋里装满了卵，之后孵化出幼虫，成熟的幼虫一天天多起来，它们从囊袋里出来，随心所欲地散布在大戟上。要不是在炎热的时节，人们兴许会以为植物上覆盖了一层雪，由此可见白色营地的居民之多。那儿有几千个身材各异的新居民，我们很容易根据它们娇小的体形，特别是身后没有囊袋这一特点，将它们和它们的母亲区别开来。它们的囊袋得等到它们在大戟树下越冬之后才会形成。雌蜡衣虫不断生育，它们的孩子自然会有年龄的差别，有的看上去胖些，有的看上去瘦些。孩子们都穿着同样的服装，长相也一样，乍一看都一样。但差别还是有的，我大致可以把它们分成两组，第一组数量很少，几乎是个别的，绝大多数都属于第二组。

8 月，差别就更明显了。在树叶尖上有一些独居的蜡衣虫，它们的腰上围着一条不明显的蜡制腰带，模模糊糊的像一层膜，其余的蜡衣虫则几乎都把喙插进树皮继续畅饮。离开饮水群体的那些独居者是谁呢？这是些正在蜕变的雄蜡衣虫。我剥开几只蜡衣虫身上的脆膜，在中间的绒床垫上有一只长着未发育完全的翅膀的蛹在休息，这张床垫和育儿室里的一样柔软。9 月，我得到了第一批完美的雄性成虫。

它们可真是些奇怪的昆虫！长腿、长触角，有着臭虫的某些特征。身体是黑色的，上面撒着一些细如粉状的蜡点，这是它羽化后蛹膜的碎屑。翅膀是铅灰色的，顶端略圆，休息时翅膀合拢，长出腹部一大截，后部有一排笔直修长的纤毛饰物，也许像幼虫身上的外套一样是蜡凝结而成的。这是个非常易碎的装饰，蜡衣虫只不过在我的那个玻璃监狱中的树叶间散散步，就把那个饰物碰掉了一大半。

它们高兴时会把腹部末端抬高到张开的翅膀之间，齐刷刷的纤毛也随之张开，像蔷薇花饰。喜欢卖弄风姿的蜡衣虫会像孔雀那样开屏。为了使婚礼增色，它把自己的尾巴装饰得有如彗星的尾巴，张开呈扇形，然后再合起来。忽开忽闭的扇子，在阳光下闪烁着光芒。欢乐的冲动过后，它便将饰物收起，降下腹部，将它重新隐藏到翅膀下。

蜡衣虫头小，触角长，腹端有个短而尖的东西，像钩子似的，那是交配的工具。它绝对没有长口器。这些爱俏的小头昆虫能干什么呢？它们改变形态只是为了调戏那些女邻居，交配，然后死亡。看来它们的作用并不是特别重要，在我实验室里的大戟树枝上，有几千只第二代雌蜡衣虫，而雄性只有 30 只，雌性差不多是雄性的 100 倍。带着漂亮羽饰的雄蜡衣虫，恐难满足如此庞大后宫的需要。

再说，它们看起来从容不迫的。我看见它们从坍塌的囊袋里出来时，身上满是灰尘，它们往皮肤上涂点儿蜡，掸去灰尘，试着展开翅膀，然后轻轻地飞到那扇坚闭的、以防囚犯逃跑的玻璃窗上。阳光下的狂欢比充满激情的婚礼对它们更有吸引力，看来是房间里柔和的光线使它们兴致索然。如果是在露天，直接在阳光照耀下，它们肯定会炫耀自己的装饰，并且一定会不乏热情地结成一对对伉俪。现在有最好的交尾条件，雌性的数量远远多于雄性，这就意味着在应召者中只有很少的一部分会被选中，大约是 1%。尽管如此，所有的雌虫都将繁衍后代。对这些奇怪的昆虫来说，只要时不时有一些雌性生育就足够保持种族兴旺了。向意中人传情是一种遗传行为，会流行一些时候，只需每年数量很少的几对配偶从整体上补充消耗的能量就行了。

一种常会光顾蜜蜂家的寄生虫短尾小蜂属曾经让我们看到过雄性很稀少的例子。两种微小的昆虫使我们涉入了一个我们的繁殖理论尚未研究过的广阔领域，或许有一天，它们会帮助我们解决神秘的性的问题。

然而，在大戟树上那些有囊袋的年老的雌蜡衣虫一天天在减少。卵排完了，囊袋空了，它们自己跌落到地面，被蚂蚁们细细地分解掉。临近圣诞节时，植物上只留下了那些年轻的蜡衣虫。它们的育儿袋要等到春天才会长出来。严冬来临了，大群的蜡衣虫钻到大戟下的死叶堆里，要到 3 月才钻出来，慢慢爬上大戟，长出育儿袋，重新开始变化生长的循环。

圣栎胭脂虫

除了能高度体现女工手艺的巢以外，还有许多可以与之媲美的育儿方法，有些温柔的育儿方法令人钦佩。狼蛛把卵袋吊在纺丝器上，那袋子直碰脚后跟；有半年的时间，狼蛛都背着密密麻麻挤在背上的孩子散步。蝎子也同样把孩子背在背上，让孩子们在它的背上待两周养精蓄锐，然后才让它们独立生活。蜡衣虫用分泌出的蜡在腹部末端做了一个精美的囊袋，小蜡衣虫在那儿孵化，长出毛茸茸的羽饰，渐渐地成熟，做好迁移前的准备；柔软的袋子上开着一个洞，当隐居者能够到养育它们的大戟上安家时，它们便会一个一个地从洞口爬出来。

最平凡的昆虫之一圣栎胭脂虫更了不起，雌性胭脂虫成了不可攻破的堡垒，它那像乌木城堡一样坚硬的皮肤，就是给孩子准备的摇篮。

圣栎树上的“小球”

5月，我们耐心地观察一下朝阳的圣栎树或绿橡树的细枝，再去走访一种叫作“灌栎”的植物。灌栎荆棘丛，普罗旺斯农民十分熟悉，拉拉杂杂的，长着刺人的针叶；这些一脚就能跨过去的矮灌木，的的确确是橡树[①]，镶嵌在粗糙坚果里的美丽橡实就是证明。这种灌木和圣栎树一样能结出很多的果实。但是我们得放弃那种普通的英国栎，在那儿是不会找到我们今天想要的东西的。只有圣栎才有研究价值。

我们将会在圣栎上发现一些黑得发亮、像小豌豆般的小球，这就是胭脂虫，它也是一种比较奇怪的昆虫。它是动物吗？没听说过这种东西的人根本想不到它是动物，而会把它当作一种浆果，当作一种黑色的醋栗。尤其是用牙一咬，小球会爆开，从中流出略带苦味的甜汁，这就更容易让人把它当成果子了。

这种味道相当不错的果子是一种动物，确切地说，这是一种昆虫。我们用放大镜仔细地观察一下它的头、胸、腹和腿。它根本就没有头，也没有胸、腹和腿，整个儿看上去就像是一颗大珍珠，和用煤玉[②]做的普通珠宝别无二致。它至少得有一个能证明它是动物的器官吧？没有，它像光滑的象牙那么平滑。那么它有没有什么地方轻微地抖动，有没有任何表明它会动的迹象呢？没有，它一动也不动，简直像块卵石。

也许，我们可以从小球底下接触细树枝的那一面发现一些动物的结构特征。小球很容易就被摘下来了，一点儿也没弄破，就像摘一颗浆果那么容易。它的底部略显扁平，有一种蜡白色的粉，这种粉具有乳香的作用，有黏性。在酒精中浸泡24小时后，蜡白色的粉便溶解了，那个待

---

① 橡树，又称栎树，通常指栎属植物。果实为坚果，木材泛称橡木。——编辑注
② 又称煤精，是一种不透明、光泽强的黑色有机宝石。——编辑注

观察的部位露了出来。

我将小球放在放大镜下仔细地搜索，但最终也没能在它的底部发现足和跗节，不管这些器官多么小，总可以起到固定的作用。用放大镜也没有发现小球表面有必不可少的吸盘。小球的底部没有背部光滑，但也和其他地方一样是光秃秃的。事实上，胭脂虫好像就是这样粘在树枝上的，并不靠其他东西支撑。

这真是不可思议。黑珍珠会吃东西，会长胖并不停地流出一种像从酿酒作坊里生产出的汁液。为了满足这样的消耗，它至少得有一个能穿透多汁的树表皮的喙吧。它肯定有，只是它太小了，我疲劳的眼睛辨认不清。当我把胭脂虫从树上摘下来时，也许那吸水的工具缩进了身体，所以才看不见。

小球接触树枝的那一面有一条宽宽的凹纹，占据了大半个圆面。在凹纹的底端，底面的边缘处有一条狭长的像扣眼似的裂口。胭脂虫只通过这个裂口和外面接触。这个裂口有多种用途，首先它是一个涌出糖浆的泉眼。摘几枝上面有胭脂虫的圣栎树枝，将树枝的截断面浸在水中，树枝可以保鲜一段时间。这是让胭脂虫感到舒适的必要条件。不久我们就会看到，从那狭长的裂口里渗出一种无色的透明黏液，两天后，黏液积成了一个和胭脂虫的肚子一般大的滴状物，当这个滴状物太重时，它就会滴

雌胭脂虫

下来，但不会流到胭脂虫身上，因为流水的那个孔在后面。另一个水滴也很快开始形成，这个泉眼不间断地滴出水来。我用小指头蘸一点儿蒸馏器中流出的水滴，尝一尝，味道好极了，就像尝蜜一样。如果胭脂虫能让人们大量饲养，并听凭人们收获它们的富裕产品，我们就等于拥有了一个宝贵的糖厂。还是让别人去尽情开发吧。

耐心的收获者——蚂蚁

这里的“别人”指的是耐心的收获者——蚂蚁，它们拥向比蚜虫更慷慨的胭脂虫，蚜虫很小气，舍不得自己的精美食品，要想从它们的触角尖上喝到一小口糖浆，还得先在它胖胖的肚子上搔痒，刺激它很久。胭脂虫却很大方，它随时都乐意让想喝的人饮个痛快。它把自己的利口酒[1]大量地赠送给别人。

因此，蚂蚁们急急忙忙地拥到胭脂虫身边；它们排成了长队，三四个一伙，细细地舔着胭脂虫肚子上的裂口。不管胭脂虫待在多高的橡树叶丛里，蚂蚁总能机灵地找到它们。当我看到一只蚂蚁毫不犹豫地向树上爬时，只要盯住它就行了，它能把我径直引向黑色的小酒馆。由于小胭脂虫实在太小，常会逃脱不够敏锐的眼睛，此时蚂蚁就成了可靠的向导。执掌小酒馆的小胭脂虫，也和大胭脂虫一样顾客盈门。

在野外的树上，勤劳的蚂蚁采集着糖浆，糖浆一渗出来就被它们舔干了，几乎无法让人估计出这口泉眼的藏量是多少。不断被舔干的小圆酒桶的周围，几乎没有留下潮湿的痕迹。要想好好地品味这种琼浆玉液，必须把一根树枝单独放在远离饮酒者的地方。当没有蚂蚁的时候，我们

① 利口酒，可以称为餐后甜酒，由法文 liqueur 音译而来。——编辑注

看到利口酒很快凝成了一大滴，从酒坛里渗出的液体超过了坛子的容量，而且液体还在往外渗，比任何时候流得都快。糖浆的生产是连续不断的，落下一滴后会再冒出来一滴。

蚂蚁饲养蚜虫是为了挤它的奶。如果圣栎胭脂虫能让人在牧场里饲养，哪个奶牛场不想经营这种能带来无限利润的产品呢？但是，如果把它们从停泊的地方摘下来，它们就会死，因为它们无法定居在其他地方。于是蚂蚁便就地开发，压根儿就没打算把它们带到林间别墅中饲养。既然它们的养殖技术在此行不通，也只好明智地放弃。

胭脂虫为什么要流出如此美味，如此令熟悉它的人喜爱的玉液呢？它是为蚂蚁准备的吗？为什么不能有这种可能性呢？由于蚂蚁数量众多，而且善于聚积财富，它们在普通的动物野餐会上发挥了很大的作用。作为对蚂蚁劳动的报酬，蚜虫的乳汁和胭脂虫的甘泉就授予它们。

食客闯进城堡

5 月底，我砸开小黑球，在硬而易碎的外壳里，看到解剖体中有许多卵，除了卵以外什么也没有。我还以为里面有甜酒和一排排的蒸馏器呢。我发现了一个巨大的卵巢。胭脂虫简直是一个装满了卵的盒子。

它的卵是白色的，一组一组聚在一起，头挨着头，大约有 30 个小团；从排列的方式看，像一堆毛茸茸的瘦果。一簇簇细细的螺旋状导管，像错综复杂的沟槽包围、缠绕着伞房花序，根本无法精确地数出卵的数量。一团大约有 100 粒卵，因此总数应该是几千粒。

胭脂虫要那么多后代干什么呢？作为普通食物的提炼师，胭脂虫和其他许多低等动物一样，担任着制造营养分子的任务，它采用过量繁殖的方式以防灭绝。它把自己的利口酒给蚂蚁喝了个痛快，蚂蚁可能是个讨厌的客人，但并不危险，再说，如果胭脂虫不服从严格的裁减，就得用卵去喂养一位会给它们带来毁灭的食客。

我曾经在小球里发现过食卵爱好者。这是一种很小的幼虫，它从一个卵团爬到另一个卵团上，掏空了卵袋里的卵。它通常单独行动，有时也结伴而行，两三只甚至更多。据我统计，从洞里钻出来的小幼虫最多达到10只。

它是怎么进入这个封闭的、无法穿透的角质城堡的呢？肯定是虫卵从滴出糖浆的狭缝被送入了城堡。一位母亲突然到来，它发现了这条裂缝，喝了一口泉水，然后转身把产卵管插进去。不用武力，敌人就这样进入了城堡。

这个来访者属于小蜂科，是勤勉的肠道探索者，干起活儿来很麻利。6月的第一周，它们变成了成虫从壳里爬出来。与胭脂虫的孩子相比，它们算得上是巨人，身长2毫米。它们在胚胎期时曾经穿过的那个狭窄天窗，现在已无法通过了；躺在里面的虫子便凭着又尖又硬的大颚，在城堡的围墙上打开一个孔。里面有几只寄生虫，小球的外壳上就有几个圆孔。这个破坏卵巢的家伙是深蓝黑色的，深色的翅膀上有凹槽，像陡然下翻的鞘翅斗篷。它头部扁平，头宽超过胸宽，强有力的大颚使它能够咬穿坚固的城墙。长长的、不停地晃动的触角有点儿弯，尖上略微鼓起，饰有一个白环。这个小昆虫又矮又胖，跑起来是碎步小跑；它擦亮翅膀，刷干净触角，为自己掏空了胭脂虫的肚子而感到心满意足。在我们的分类目录里，能找到它的名字吗？我不知道，而且我也不太想知道。用野蛮的拉丁语写的标签所能告诉读者的，也不见得比寥寥几行的故事所述说的更多。

破壳而出

6 月即将过去，糖浆有一段时间不往外溢了，蚂蚁们便不再到此地来饮水，这说明胭脂虫内部发生了深刻的变化。然而，它的外表却没有变，始终是一个黑得发亮的小球，坚硬而又光滑，牢固地粘在蜡白色的底座上。我们用小刀破开这个煤玉匣子与臃肿的底座相对的顶盖。小球的壳就和金龟子的鞘翅一样硬而易碎，里面没有一点儿多汁的肉了，所剩的只有白色和红色混合的干粉。

我把这种干粉收集到一个玻璃试管里，用放大镜来瞧瞧，所见的情景真是令人震惊。干粉在骚动，它活了。如此大的数目要想数清楚，那可是骇人听闻的，无数的小生命挤作一团。胭脂虫为了能留下一条根苗，竟然生育无度。

白色的是尚未孵化的卵，6 月底，这样的卵已为数不多了。其他颜色的干粉是活动的小昆虫，它们呈浅棕红色或橘黄色。白色素最多，那是一堆蜕下的卵壳。

这些破外套被排列成放射状的花序，和当初胚胎在卵球里时的排列方式完全一样。这个细节告诉我们，胭脂虫没有产卵，也就是说，卵不仅没有被排出母腹，而且在硬壳围墙内一个特定的位置上，还在那个庇护卵巢的大屋顶下。卵被封闭在它们形成的那个地方，仍然按原样排列着，保持着原状的一串一串的卵，变成了一袋一袋的小虫。

关于这种奇怪的生育方法，蓑蛾为我们提供过一个例子。这种方法可免去母亲产卵，使卵就地孵化。回想一下那看上去比毛虫还可怜、发育不全的蛾，它隐居在蛹壳里，然后变干，它的肚子里装满了卵，卵将就地孵化。雌蓑蛾变成了一个干袋子，它的孩子将从里面孵化出来。胭脂虫也是如此。

我观看了胭脂虫的出生过程。新生儿躁动不安，要钻出它们的外套。许多小胭脂虫都成功地摆脱了外套的束缚，将蜕下的卵壳留在辐射状排列的位置上。另一些而且为数不少的小胭脂虫，把小群体共有的那个套子给拔走了，并拖着套子走了好长时间。小套子黏附力那么强，小家伙们拖着它穿过了外壳，到了小屋外才把套子甩掉。因此，我在它们出生的那个树枝上，在离开雌胭脂虫那个小球一段距离处，发现了许多白色的旧衫。如果我们没有仔细观察事件的经过，一定会以为小家伙是在胭脂虫体外孵化的。这些皮屑是假象，全部的卵都是在小盒子里孵化的。

在完成了对活动粉末的记录以后，我们来看一下煤玉盒子。盒子被一层横隔膜隔成上下两层，那层隔膜是干枯的雌胭脂虫的尸骸。属于胭脂虫自身的物质很少，现在只剩下了一层易脆的皮。箱子里剩下的那堆东西都是属于卵巢的。新生儿住的上层，一点儿也不比下层差。

当迁移的时刻到来时，从下层很容易出去，因为底下有一扇门，就是那个像扣眼形状的裂缝，它是开着的，而且总是大开着。可是怎么从隔膜隔开的上层出去呢？小胭脂虫那么虚弱，那么小，永远也不可能挖破那层膜。我们仔细瞧瞧吧。隔膜正中有一个圆形的天窗，住在下层的居民可以直接从房间的门，也就是那扇扣眼形的门出去；而住在上层的居民可以通过地板上的那个洞下来。胭脂虫母亲想得真是无比周到，它那层干化的皮成了楼板，并且开了一个窥视孔，否则一半的孩子都会因为出不来而死去。

小胭脂虫太小，肉眼几乎看不见它们。借助一个高倍放大镜，我看清了小胭脂虫呈卵形，后部比前部小，呈柔和的红棕色，6 条腿很好动，开始行走时疾步小跑，可是之后就一动不动，完全处于静止状态。小胭脂虫身后还有两根长长的半透明的触角一摇一晃，这两根触角如果不仔细看是看不见的；两个黑黑的点是眼睛。

那个小玻璃试管里的小胭脂虫显得很忙碌，它们在游荡，两根伸展的触角一摇一晃，它们爬上爬下，连滚带爬地在蜕下的空卵壳上去来走走。看得出来它们在准备出发，小原子要去闯大世界了。它需要什么呢？看样子需要一根能提供营养液的树枝，我注意到了这种需要。

在荒石园里有一棵绿橡树，这是园子里唯一一棵高三四米的大灌木。6 月中旬，小胭脂虫开始孵化出来，我把 30 只胭脂虫连同它们依托的细树枝一起安放在橡树上。

尽管我很用心，可当小胭脂虫像我预料的那样分散在圣栎树上时，要想监视它们的行踪就不容易了。旅行者太渺小了，而地方又太大，再说用望远镜逐一对树叶、树枝和树梢进行观察是行不通的，会让人失去耐心。

几天后，我探望了我够得着的那些雌胭脂虫，已经有小胭脂虫出壳了，数量很多，落在路边的皮屑可以为证。至于那些小胭脂虫，我却到处找不着它们，既不在树皮上，也不在叶子上。它们会不会都爬到了难于攀登的圣栎树树梢上去了呢？它们会不会去了别的地方？我不能让移民从我的视野中消失，我在一些装有松软的腐殖土的花盆里，移栽了些一两拃高的小圣栎树，我用树胶在每根细枝上都粘上五六只胭脂虫，粘的时候格外小心，生怕把出口堵上。我把这个人造小树林放在实验室里背对窗户、避开强光的地方。

出走的小胭脂虫

7 月 2 日，我观看了一次出走行动。下午 2 点最热的时候，无数只小胭脂虫离开了城堡。它们急匆匆地穿过房间的那扇大门，那个像扣眼似的裂缝，好些小家伙屁股后面还拖着蜕下的卵壳。它们在小球的圆顶上停了一会儿，然后就分散到附近的树枝上去了。好几只虫子爬到了植物的顶梢上，它们对爬上这个高度显得并不很满足，还有几只沿着树干爬下来，我根本无法判断这一大群小胭脂虫要往哪儿去。也许是因为它们第一次在自由的场地上行走，一时有点儿混乱；小家伙随处乱跑，沉浸在获得自由的喜悦中。让它们去吧，它们会安静下来的。

第二天我确实没能在圣栎树上找到一只小胭脂虫，它们全都爬到花盆里离树干不远的黑土上去了，泥土刚浇完水，一股腐叶变成的腐殖土的美味。在一块和指甲盖一般大的地方，那些小家伙又聚集成群了。谁也不动弹，看来它们对这个牧场很满意，或更确切地说，是对这个饮水槽极满意。它们好像是在恢复体力，舒适得动都不想动了。

我来帮助它们生活得更美满吧。为了给它们一些阴凉，让它们住的地方凉爽一些，我把事先在一杯水里浸软了的圣栎树枯叶盖在水槽上。我的小虫子们，你们现在该自己去摆脱困境了，别的事儿我可帮不上忙了。

我刚刚了解了胭脂虫故事中的一个要点，如果不了解这个细节，我就无法继续下面的研究。我开始的想法尽管很有道理，但并不正确。小胭脂虫不是像它们的母亲一样定居在圣栎树上，而是在它们出生的那棵树下的泥土上，至少最开始，它们要在青苔和枯叶中找一个比较凉快的藏身所，以便恢复消耗的体力。

以后它们靠什么维持生活呢？我还说不出来。我看见它们成群结伙地一连五六天待在一个地方，没有一个离开群体，也没有一个钻进松软的泥土。后来，胭脂虫的数量变少了，渐渐地全都消失了，好像蒸发掉了似的。尽管它们离我这么近，到头来我还是一无所有，一群小原子没有留下任何痕迹。

看样子，种着绿色橡树的花盆不满足使它们兴旺发达的条件，它们也许需要草地，需要带根茎的禾本科植物，还有根茎丰富但扎得不太深的草本植物，小胭脂虫或许已经在一些根茎上安好了小槽。真是这样吗？

我知道5月份在一些圣栎树下有许多小胭脂虫，于是来到乡下，对那些树进行观察。我想小胭脂虫肯定在那儿，在一个不大的范围里，因为它们很虚弱，不可能远行。我仔细察看了长在树周围地面上的各种植物，我挖土，把草连根拔起，用放大镜耐心地挨个检查拔出的每一棵植物的根须。秋冬两季，我连续搜查了多次。艰苦的调查没有结果，小家伙们找不着了。

第二年，春回大地时，我明白了小胭脂虫栖息的树下并不是非要有植物不可。还是回头来看看荒石园里的那棵圣栎树吧。在它的簇叶上我放过30只成年胭脂虫，现在已经有不少居民从小球里面出来了。但是，在圣栎树下，方圆几步范围的地上完全是光秃秃的，在新近用铲子铲光的角落里没有一棵草，或者说寸草不生。至于圣栎树的根，我觉得没有必要去费心，它扎得很深，小昆虫是无法达到的。

然而，5月，在此之前没有胭脂虫的灌木上布满了黑色的小球。我播下的种子结果了。从壳里钻出来的小昆虫在地下度过了冬天，当天气转暖时，它们又回到树上，将在那儿变成球。在这连一根侧根都找不到的贫瘠的土地里，它是靠什么过活的呢？也许不靠什么。

它们钻到土里，主要是为了找个住处，而不是为了得到食物。要想抵御严冬，住在地下不深的土粒缝隙中是靠不住的。如果遇上恶劣天气，那还不知道会有多少小胭脂虫因得不到很好的保护而死去呢！为了经受得起钻进壳里的食卵者的祸害，以及最为可怕的恶劣气候造成的灾害，为了留下一条命脉，胭脂虫必须生成千上万个孩子。

在实验室里观察胭脂虫

故事的其余情节也得来不易。4 月到了。我的 3 个孩子是我晚年生活的快乐源泉，他们借给我年轻人敏锐的眼光，如果没有他们的帮助，我会放弃在一望无际的大地上进行追踪的计划。前一年，在一些望得见的圣栎丛上，曾经出现了许多胭脂虫，我用白线在每一根有胭脂虫的小细枝上做了记号。

就是在那儿，我的孩子们，对每一片叶子每一根树枝逐一进行观察，我用放大镜大略地观察一遍之后，把收获物放在了植物标本盒里。然后在实验室里做细致的观察。在实验室里，我可以非常方便地对它们进行观察。

4 月 7 日，正当我对研究感到绝望时，一只小胭脂虫进入了放大镜里头。是它！就是它！我去年见到它从硬壳里出来时是什么样，现在我所见到的它还是什么样。它的体态、形状一点儿都没变，颜色和大小也没变。它在散步，显得很忙碌，也许它是在找一个合适的地方。树枝表皮上的一点儿细微的皱褶，随时都会把它隐藏起来，我把这根带着珍贵的原子的树枝放在纱罩下。

第二天，我隐约看见了一层蜕下的皮。疾步小跑的小家伙从此变成了一个静止不动的微粒，这是胭脂虫的小球体的雏形。像这样的发现，我只有幸碰到过一次。如果我得到了更多的小胭脂虫，那倒是值得进行更细致的研究。我前去察看圣栎树的时间太迟了，这项工作本该在 3 月做的。据我推测，在那个时候，应该能看到小胭脂虫们离开土地，重返绿橡树的簇叶中，准备蜕变。如果是那样的话，我得到的就不仅是一只胭脂虫，而是好几只了。然而我也不敢指望丰收，因为严冬肯定会给它们造成损耗，尽管它们开始时数量众多。它们从树上下来时有成千上万只，而再回到树上的却只有小股流民，春天小黑球数量减少就是最好的证明。

爬上树的小家伙是什么样的呢？我仅有的那只小胭脂虫让我知道得一清二楚。它变成了一个圆球，确实就是成年胭脂虫的样子。尽管树枝浸在装了水的杯子里，可没过多久，胭脂虫就干化了，幸好我还拥有其他一些相同的、略大一点的小球。

我从圣栎树上收获了两种胭脂虫。小球形的居多，它们的个头儿随年龄不同而有所变化，最小的几乎不到 1 毫米，腹部扁平，环绕着一个白色的圆圈，底部开始显露出蜡黄色，背部是圆形的，呈浅红棕色或浅栗色，有一些细小的不规则分布的白色乳突。小胭脂虫的这身打扮有点儿像生活在热带海洋中的一种贝壳——虎贝。糖厂已开始生产，胭脂虫的尾部凝聚起一滴透明的糖浆，蚂蚁们都跑来喝糖水了。几周后，胭脂虫的颜色变成了煤玉般的黑色，小球变得像一颗豌豆那么大，这就是胭脂虫最终的样子。

少数胭脂虫像半收缩的鼻涕虫，腹部扁平，整个儿贴在树枝上，背部凸出，多多少少带有鲜艳的琥珀色，身上散布着白色的乳突。乳突纵向排列，5 个一行或 7 个一行。由于胭脂虫是琥珀色的，而且带有白色的小点，看上去有点儿像一种上面撒着糖粒叫“猫舌”的糕点，这种胭脂虫的尾部不会渗出糖浆，因此蚂蚁不会来光顾。

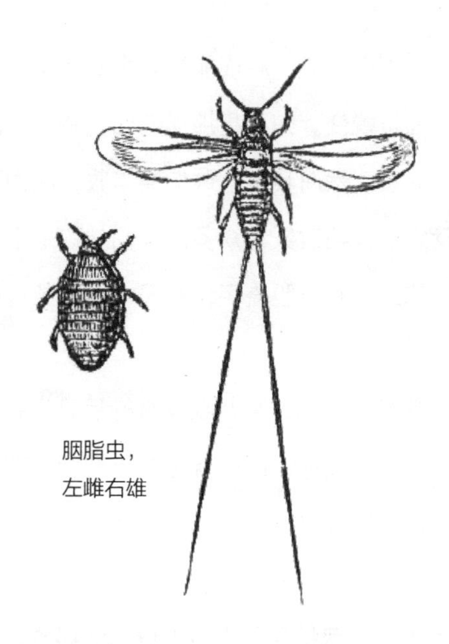

胭脂虫，
左雌右雄

我想，这第二种是雄性胭脂虫幼虫。估计它变成成虫时，长着翅膀，专门从事交配，但是我还无法证实这种猜测。我那些像鼻涕虫似的小虫，在枯萎的树枝上会死去，而到实验室外去观察它们的发育变化，又超出了我的耐心。

关于圣栎树胭脂虫的故事，还不完整，但有一点却值得记住。雌胭脂虫那免于产卵的卵巢干化成一个盒子，把胎儿封闭在里面，在这个干化了的遗骸里，麇集着几千只小胭脂虫，它们在那儿等待大规模迁移期的到来。胭脂虫把普通的生育方式简化到了不能再简单的地步，雌胭脂虫变成了一个育儿箱。

绿蝇

“啃尸族”

我把三根芦竹绑在一起，做成三脚架，安放在院子里的不同地点，每个支架上都吊着一个离地面一人高、盛满细沙的罐子，罐子底部钻了一个小孔，如果下雨，水可以从小孔流掉。我把尸体放在罐子里，游蛇、蜥蜴、癞蛤蟆是首选物，它们的皮肤上没有毛，便于我监视入侵者的举动；毛皮动物、禽类和爬行动物、两栖类交替使用。邻居的孩子在两分硬币的诱惑下，成了我的供应商。每当春夏季节，他们常洋洋得意地跑到我家来，有时用棍子挑着一条蛇，有时用包菜叶包着一只蜥蜴。他们给我送来了用捕鼠器捕到的褐家鼠，渴死的小鸡，被园丁打死的鼹鼠，被车轧死的小猫和被毒草毒死的兔子。买卖双方都很满意，以前村子里从未有过这样的交易，将来也不会有。

4 月过去了，罐子里的动物增加得很快。第一个来访者是小蚂蚁，为了让这些不速之客离远点儿，我把罐子吊得高高的，可蚂蚁在嘲笑我的良苦用心。一只死动物放进罐子里还不到两小时，仍然是新鲜的，闻不到什么味儿，它们就来了。贪婪的敛财者顺着三脚架的支脚爬上去，并开始解剖，如果这块肉合它的口味，它就会在沙罐里住下来，在那儿挖一个临时蚁穴，以便更逍遥自在地开发丰富的食物。

这个季节蚂蚁始终是最忙的，它总是第一个发现死动物，并总是在死尸被啃得只剩下一块被太阳晒得发白的骨头时才最后一个撤离。这些流浪汉离得那么远，怎么就知道，在那看不见的高处的三脚架顶上有吃的东西呢？而那些真正的肢解尸体者则要等待尸体腐烂，靠强烈的臭味来得到通知。因为蚂蚁的嗅觉比谁都灵，它在臭味开始散发之前就赶来了。

当搁置了两天的尸体被太阳烘熟，散发出臭味时，啃尸族突然拥上来了。皮蠹、腐阎虫、埋葬虫、苍蝇和隐翅虫向尸体发起了进攻，它们消耗尸体，几乎把它消耗得一点儿不剩。如果仅仅靠蚂蚁每次搬走一点儿的话，打扫卫生的工作得拖很久才能完成，可眼下这些虫子们做起这项工作来个个雷厉风行。有些使用化学溶剂的虫子效率就更高了。

最值得一提的自然是后一类，高级净化器。它们是苍蝇，种类繁多，如果时间允许，这些骁勇善战的战士，每一位都值得我们去观察。但是，那会使读者和观察家都不耐烦。我们只要了解几种苍蝇的习性，便可知其他种类的苍蝇的习性了。因此，还是把我们的观察范围限制在绿蝇和麻蝇身上吧。

绿蝇

浑身亮闪闪的绿蝇是人人都熟悉的双翅目昆虫。它那通常是金绿色的金属光泽可以和最美丽的鞘翅目昆虫花金龟、吉丁和叶甲虫相媲美。当我们看到这么贵重的衣服穿在清理腐烂物的清洁工身上时，着实有几分惊讶。经常光顾我那些吊罐的三种绿蝇是：叉叶绿蝇、常绿蝇和居佩绿蝇。前两种都是金绿色的，为数不多，第三种闪着铜色亮光。这三种绿蝇的眼睛都是红色的，镶着一圈银边。

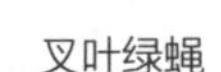

叉叶绿蝇

个头儿最大的是常绿蝇，而叉叶绿蝇干起这行来似乎更老练。4 月 23 日，我碰巧撞见它在产房里，待在一只羊脖子的颈椎里，正把卵产在脊髓上。它在黑乎乎的洞里一动不动地待了一个多小时，把里面装满了卵。我隐约看见它的红眼睛和银白色的面孔。它终于出来了，我把卵收集起来。这事儿很容易，因为卵全部产在脊髓上，只要抽出脊髓就行了，用不着碰那些卵。

应该数数有多少卵，不过现在还没法数：密密麻麻的卵难以计数。于是，我把这一家子养在广口瓶里，等它们在沙土里变成了蛹再来数。我找到了 157 个蛹，这显然只是一小部分，因为我从后来的观察中得知，叉叶绿蝇和其他绿蝇分多次产下一包一包的卵，这个超级家族将会变成一个庞大的军团。

分批产卵

我认为绿蝇分批产卵，有以下的事实可以作证。一只经多日蒸晒，有些发软的鼹鼠平摊在沙土上，肚皮边缘有一处鼓胀起来，形成了一个穹隆。绿蝇和其他双翅目昆虫都不把卵产在裸露的表面，暴晒对脆弱的胚胎是有害的，必须把卵藏在阴暗的地方。死动物皮下是理想的场所，如果可以进入的话。

在目前这种情况下，唯一的入口就是肚皮边缘的那个皱褶。今天，在那个地方，也只有在那才有产卵者在产卵，一共有8只绿蝇。这块被开发物因质量上乘而闻名，绿蝇们一个一个潜入穹隆，或者好几只一起进去。进去的绿蝇要在里面停留一段时间，外面的须耐心等待。等待者一次次飞到洞口去张望，看看里面进行得怎么样了，探听先进去的那批是否已经完事儿。里面那批终于出来了，停在死动物身上休息，等着下一轮再进去。产房里又换了新的一批产卵者，这批绿蝇也在里面待了好一阵，然后才让位于又一批产卵者，自己到外面去晒太阳。一个上午它们就这样不停地进进出出。

由此我们得知，排卵是阶段性进行的，中间穿插着几次休息。只要绿蝇感到成熟的卵还未进入产卵管，就会待在太阳底下，不时地突然飞起来盘旋一会儿，然后伏在尸体身上马马虎虎喝上几口汤。一旦卵进入了产卵管，它们就会尽快到合适的地方卸下重负。因此，整个产卵过程分成了好几个阶段，看来要持续两天。

我小心翼翼地把那只身下正有苍蝇在产卵的动物掀起来，苍蝇照常继续产卵，它们是那样忙碌。它们用产卵管的尖头，犹豫不决地摸索着，力图把卵依次排放在卵堆的更深处。在神情严肃的红眼睛产妇周围，有一些蚂蚁正忙于抢劫，许多蚂蚁离去时嘴里都咬着一粒绿蝇的卵。我还看见一些胆大妄为的家伙公然到产卵管下去抢劫。产卵者并不理睬它们，由着它们去，一副无动于衷的样子。绿蝇心里清楚自己肚子里还有的是卵，足以弥补这么一点儿小损失。

的确，幸免于蚂蚁抢劫的卵已足以保证绿蝇有一个兴旺的大家庭。过几天我回来，再掀开那具死尸一看。在那尸体下恶臭的脓血里涌动着虫浪，蛆虫的尖头冒出了浪尖，晃动了一下，又钻进了浪谷，好似沸腾的海洋。尸体的中间部位被掀起来了，那情景真是恐怖至极。我得经受住考验，往后看到的景象将更加可怕。

我现在看到的是一条游蛇，它盘成涡旋状，占满了整个罐子。来了许多绿蝇，而且还不断有新来者加入它们的行列。这儿看不到吵架拌嘴的情况，大家都自顾自地产卵。盘缠着的爬行动物那一圈圈缝隙里是最理想的产卵处，只有在这窄缝里才能躲避烈日。金色的苍蝇排成链，互相紧靠着；它们尽量把腹部和产卵管往缝隙里插，顾不得翅膀被揉皱翘到了头上，大事当前顾不得打扮了。它们心平气和，红红的眼睛凝视着外面，排成了一条链子，链条时而会出现几处断裂，几个产卵者离开了位置，来到游蛇身边散步，等待下一批成熟的卵进入产卵管，然后重新加入这条链子，再次去产卵。

尽管时有中断，绿蝇产卵的速度还是相当快，仅一上午的时间，螺旋状的缝隙里就密密麻麻地布了一层卵。卵层可以整块剥下来，上面一尘不染。我是用铲子，用纸做的小铲采集卵的。我采集了一大堆白色的卵，然后将它们搁在玻璃管、试管和广口瓶里，再放进一些必要的食物。

绿蝇幼虫是如何进食的?

长度约 1 毫米的卵呈圆柱形，表面光滑，两头略圆，24 小时内即可孵出。我想到的第一个问题是：绿蝇的幼虫将如何进食？我很清楚该喂它们什么，可我不知道它们怎么吃。从“吃”这个词的严格定义来看，它们的“吃法”能称得上吃吗？我的怀疑是有道理的。

其实，我们可以来观察一下那些长得相当肥大的幼虫。这些普通的蛆虫，头部尖，尾部平切，整个轮廓呈长锥形，尾部的皮肤表面有两个棕红色的点，那是气孔。按语言的引申义，被称作头的那个部位，不过是肠道的入口，我称它作前部，那里装备着两个黑色的口针，装在半透明的套子里，时而微微向外凸，时而收回去。是否该把它们看成是大颚呢？绝对不行，因为这两个口针不像真正的大颚那样上下对生，而是平行的，永远也碰不到一块儿。

这两个口针是活动器官。口针能起支撑作用，它们反复地一伸一缩就能使蛆虫前进，蛆虫就是靠这个看似咀嚼器的器官行走的。它的喉头像是有根登山拐杖。把蛆虫搁到一块肉上，用放大镜观察，我们就能看见它在散步，一会儿抬头，一会儿低头，每次都用口针去捣肉。它停下来时屁股不动，前部保持弯曲以探测四周，那尖尖的头部探索着，前进，后退，黑色的口针一伸一缩，像无休止的活塞运动。尽管我观察得很认真，却没见过它的口器上沾过一小块撕下的肉，也没见它吞咽过一块肉。口针不停地在肉上敲击，却从未从上面咬下一口。

然而蛆虫却在长大，变胖。这个特殊的消费者是怎么做到没有嚼食却能吸收食物的呢？如果它不吃，那它就是喝了。它的食谱是肉汤。既然肉是固体物质，自己不会变成液体，食客就必须用某种烹调方法使它变成能喝的液体。让我们尽力去揭开蛆虫的这个秘密吧。

把食物变成液体

我把一块核桃般大小的肉用吸水纸吸干水分，放在一个一头封闭的玻璃试管里，在肉上面放几坨从罐子里的游蛇身上采集来的卵，大约有200粒，然后用棉球塞住管口，将管子竖起来，放在实验室一个避光的角落里。另外一个玻璃管也做同样的处理，只是里面没有放卵，我把它放在一旁，作为参照物。

卵孵化后才两三天，结果已是非常惊人。那块用吸水纸吸干了水分的瘦肉已经变湿了，蛆虫爬过的玻璃上留下了水迹，涌动的蛆虫一次又一次经过的地方出现了一片水汽，而那个参照试管里却是干的，这说明蛆虫活动的地方留下的液体不是从肉里渗出来的。

此外，蛆虫的工作也越来越明确地证实了这一点。有蛆虫的那块肉就像放在火炉边的冰块，一点一点地融化了，不久，肉完全变成了液体。

千万别以为是腐败导致了溶解，因为在参照试管里，同样大小的一块肉，除了颜色和气味变了之外，看上去仍和原来一样。原来是一整块，现在仍然是一整块。而那块蛆虫加工过的肉已经变得像化了的黄油一样稀了。这儿看到的是蛆虫的化学功能，其作用会使研究胃液作用的生理学家产生忌妒。

我从熟蛋白实验中得到了更有力的证据。切成榛子一般大的熟蛋白，经过绿蝇蛆虫加工溶解成了无色的液体，我们的眼睛甚至会把这液体当成水。液体的流动性非常强，以至于那些蛆虫失去了依托，淹死在了汤里。蛆虫是因尾部被淹，窒息而死的。它尾部有张开的呼吸孔，如果是在密度较大的液体中，呼吸孔可浮在水面上，但是在流动性很强的液体中就不行了。我在另一个试管里也装进熟蛋白，但不放蛆虫，将这个试管和那个发生了奇怪的“液化”现象的试管放在一起比照。结果这个试管里的熟蛋白保持着原来的形状和硬度，久而久之，如果蛋白不被霉菌侵蚀的话就会变得坚硬。情况就是如此。

其他那些装有四元化合物——谷蛋白、血纤维蛋白、酪蛋白和鹰嘴豆豆球蛋白的试管里，也发生了程度不同的类似变化。只要能避免在太稀的肉汤里淹死，蛆虫食用了这些蛋白后就长得非常好，生活在死尸上的蛆虫也不见得能长得更好。再说，这儿的蛆虫就是掉进这些蛋白质液体里，也往往不必害怕，因为这儿的物质仅仅处于半“液化”状态；与其说是真正的液体，倒不如说是糊状流质。

即使已经将蛋白溶成了稀糊，显然绿蝇蛆虫还是宁愿把食物变成液体。由于无法吃固体食物，蛆虫首先把食物变成流质，然后把头扎在流质里，长长地吸一口，它们在喝汤。蛆虫那种起着相当于高级动物的胃液作用的溶液，无疑来自它们的口腔。像活塞一样连续运动的口针不断排出微量的溶液，所有被口针碰过的地方都留下了微量的蛋白酶，这就足以使那个地方很快地渗出水来。既然消化总的说来就是“液化”，我们可以毫不违背事实地说，蛆虫是先消化食物，再进食。

从这些用试管所做的肮脏恶臭的实验中，我得到了不少乐趣。当斯帕兰扎尼[①]神父发现，生肉块在那沾了小嘴乌鸦胃液的海绵的作用下变成流质时，想必也有和我一样的感受。他发现了消化的秘密，并成功地在试管里做了胃液作用的实验，那时胃液的作用还不为人知。我这个远方

① 斯帕兰扎尼（1729—1799），意大利生物学家、生理学家。——编辑注

的信徒又见到了曾经使那位意大利学者惊诧不已的现象，不过这一次它是以一种意想不到的面目出现的。蛆虫代替了小嘴乌鸦，它们破坏了肉、熟蛋白和谷蛋白，使这些物质变成了液体。我们的胃是在秘密状态下进行蒸馏，蛆虫却是在体外，在光天化日下完成。它先消化，然后才把消化物喝下去。

看见它们一头扎进尸体化成的汤液里，我不禁会问，它们真的不会嚼食吗，哪怕是以更为直接的方式部分进食？为什么它们的皮肤那么光滑，简直可以说是举世无双，难道皮肤能够吸收食物吗？我见过金龟子和其他食粪虫的卵明显地变大，因而很自然地认为那是因为它们吸入了孵化室里油腻的空气。然而，没有什么能说明绿蝇蛆虫就没有采用某种生长方式。我认为它们能靠全身的皮肤吸收食物，除了嘴巴吸食汤液之外，皮肤也协助吸收和过滤。也许这就是它们要预先把食物变成液体的原因。

我们再举最后一个例子，证明蛆虫预先将食物化成液体的事实。假如鼹鼠、游蛇或是其他动物的尸体被置于露天的沙罐里，套上金属纱罩以防苍蝇等双翅目昆虫入侵，那么尸体就会在烈日的暴晒下变干，变硬，而不会像预料的那样把下面的沙土浸湿。尸体肯定会渗出液体，任何一具尸体都像一块吸满了水的海绵，尽管水分的散发是那样的缓慢，还会被干燥的空气和热气蒸发掉；因此尸体下面的沙土能保持干燥，或者说基本干燥。尸体变成了木乃伊，变得如同一张皮。

叶子上的绿蝇

相反，如果不用纱罩，让双翅目昆虫随便进入的话，情形马上就不同了。三四天后在尸体的下面出现了脓液，而且大片沙土被浸润了，这是“液化”的开始。

我将会不断地看到那种曾令我震惊的实验结果。这回实验对象是一条非常棒的神医游蛇，长 1.5 米，有粗瓶颈那么粗，由于它比较庞大，超出了沙罐的容量，我把它盘成双层螺旋状。当这美味佳肴处于分解旺盛期时，沙罐成了沼泽，无数只绿蝇蛆虫和更为强大的“液化器”——麻蝇蛆虫在沼泽里涌动。

容器里的沙土被浸湿了，变得泥泞不堪，仿佛是淋了一场大雨。液体从罐子底部那个盖着一块扁卵石的小孔滴下来，这是蒸馏釜在运作，那条游蛇正在这死尸蒸馏釜中蒸馏。一两周之后，液体将消失，被泥土吸干，在黏糊糊的沙土上只会剩下一些鳞片和骨头。

总而言之，蛆虫是这个世界上的一种能量，它为了最大限度地将死者的遗骸归还给生命，将尸体进行蒸馏，分解成一种提取液，而后植物的乳母——大地，汲取了它，变成了沃土。

绿蝇

麻蝇

麻蝇的造访

这里所见的昆虫服饰不同，但生活方式没有什么两样，仍然是与死尸打交道，同样具有迅速让肉体变成液体的能力。这是一种炭灰色的双翅目昆虫，个头儿比绿蝇大，背部有褐色的条纹，腹部有银光点。瞧瞧它那一对眼睛，血红血红的，闪着肢解者凶残的目光。这是一种食肉蝇，术语称之为麻蝇，俗称肉灰蝇。

不管这两种叫法多么正确，千万别被它们误导。麻蝇绝不是那种常光顾我们的住所，特别是秋季，在没看管好的肉上下蛆的那些胆大的腐败物承包者。干这些坏事的罪魁是反吐丽蝇，它长得比较肥胖，呈深蓝色，这种苍蝇飞到玻璃窗上嗡嗡作响，狡诈地把食品柜团团围住，暗地里伺机在我们放松警惕的时候下手。

反吐丽蝇

麻蝇常常与绿蝇合作。绿蝇从不到我们家里进行冒险旅行，而是在大太阳下工作。麻蝇不像绿蝇那么胆小，假如在外面找不到东西吃，偶尔也会冒险到住宅里干坏事。干完坏事就赶紧溜掉，因为它在这儿感到不自在。这会儿，我那间比露天实验场小得多的实验室，已经变得有点儿像藏肉室了。麻蝇来此造访，如果我在窗台上放一块肉，它就会飞来享用一番，然后离开。搁物架上用于收藏物品的那些广口瓶、茶杯、玻璃杯等各种容器都躲不过它。

出于研究的需要，我收集了一堆在地下蜂巢里窒息死亡的胡蜂幼虫。麻蝇悄悄地来了，发现了那一大堆胡蜂幼虫，认为是个了不起的新发现。这种食物也许是它的家人从来不曾享用过的，于是它把一部分卵安置在上面。我先把一个煮熟的蛋掰下几块蛋白来喂绿蝇的幼虫，剩下的大部分放在一个玻璃杯底部，麻蝇占有了剩余的这部分蛋，并在上面繁殖。它其实并不在意这是不是一种新东西，只要是蛋白质类的物质都合它的口味，一切的一切，哪怕是养蚕场的废物——死蚕，甚至芸豆和鹰嘴豆的豆泥都行。

然而最合它口味的还是死尸，从毛皮动物到禽鸟，从爬行动物到鱼类，它都吃。有绿蝇做伴，麻蝇往我那些沙罐里跑得很勤，它每天都来探望那些游蛇，用吸管品尝一下，看它们是否已成熟。它走了，又来，从容不迫，最后才着手工作。然而，我并不准备在熙熙攘攘的来客中观察它们的行动，放在我办公桌前窗台上的一块肉既不至于有碍观瞻，又便于我观察。常来光顾那块腐肉的两种双翅目昆虫是常麻蝇和红尾粪麻蝇。后者的腹部末端有个红点，前者比后者略强壮些，在数量上也占优势，承担着沙罐场里大部分工作，而且几乎总是单独飞向窗台上的诱饵。

麻蝇幼虫军团

麻蝇会突然间到来，起初还有些胆怯，可很快便镇静下来，即使我靠近它，它也不想飞走，因为它很中意这块肉。它干起活儿来惊人的快，将腹部末端对着那块肉嚓嚓两下，就完成了任务。一群摆动着的蛆虫产了下来，并极其迅速地四下散开，我都来不及拿起放大镜来做精确的统计，用眼睛看估计有一打（12只）。它们都跑到哪儿去了？

麻蝇

它们好像一落地就钻进肉里，那么快就不见了。对于这些虚弱的新生儿来说，以这样快的速度钻入有一定阻力的物质是不可能的。但它们到哪儿去了？我发现那块肉的褶皱里有一些麻蝇的幼虫，它们单独行动，已经在用嘴搜索了。把它们聚拢来数数有多少是行不通的，因为我不想伤害它们。我们只能用眼睛迅速地扫视一下，大约是12只，几乎是在一瞬间一次性产下的。

麻蝇产下的是些活的幼虫而不是通常所见的卵，这些幼虫早已为人们所熟悉。我们知道麻蝇不生蛋而是生孩子。它们有那么多事要做，任务太紧急了！对于专门加工死亡物质的它们来说，一天就是一天，必须充分利用时间。绿蝇的卵再快也要等24小时后才能孵化出幼虫。麻蝇省下了这段时间，从卵巢里迅速输送出一批劳动者，幼虫刚一降生就投入了劳作。这些勤劳而全面的卫生突击手根本没有闲暇孵卵，它们一分钟也浪费不起。

小分队的成员不多，这是事实，可是它们的数量还能再增加不知多少倍呢！我们来看看雷沃米尔对麻蝇拥有的那台奇妙的生育机器所做的描写：这是一条螺形的带子，天鹅绒般柔软的涡纹里满载着密密麻麻的幼虫，每一只小虫都裹着一层膜，一只挨一只聚在一起，像一张羊毛皮。这位耐心的博物学家对这个军团成员的数量做了统计，据他说大约有两万只。面对这个解剖学的证明你们一定会目瞪口呆。

麻蝇怎么会有时间去安置一大家子，尤其是得一小包一小包地安置，就像它刚才在我的窗台上所做的那样呢？在排空卵巢之前它得找多少死狗、死鼹鼠、死游蛇啊！它能找到吗？在野外有一定容量的死尸，但还没多到这种地步。好在什么样的尸体对它来说都是好的，它也会选择其他一些不起眼的尸体。如果猎获物很丰富，明天、后天甚至几天后它还会再来。在繁殖季节里，它不断地将一包一包的幼虫安放在各处，最终也许能把肚子里的孩子都安顿好。但是如果今后这些幼虫也将全部繁殖，那又该是怎样拥挤啊！麻蝇一年要繁殖好几代呢！它被催赶着，真该让这种过度繁殖刹车。

麻蝇幼虫：无与伦比的“液化装置”

我们先了解一下麻蝇幼虫的情况。这是一种健壮的蛆，从它那较大的体型，特别是尾部的形状，很容易和绿蝇蛆虫区别开来，它的尾部平切，有一个切得很深的槽，这个槽的底部有两个气孔，两个带琥珀色的唇状气孔。气孔的边缘有十来条放射状的棱角分明的肉质月牙饰纹，像个冠冕，蛆虫可以随意地通过收缩和放松月牙饰纹使冠冕关闭或打开，这样当气孔淹没在糊状物中时就能得到保护，不至于被堵塞。如果尾部这两扇气窗被堵塞，会突然引起窒息。当蛆虫被液体淹没时，这顶带月牙边的帽子就会关闭，如同一朵收拢了花瓣的花，液体就进不到气孔里了。

随着蛆虫露出液面，尾部重新露出来，当尾部刚好与液体表面平齐时，冠冕重新打开，看上去宛如一朵花冠上带白色月牙边，中间有两根鲜红色雄蕊的小花。当蛆虫挨挨挤挤地把头拱进臭烘烘的汤液时，就形成了一片白洲。看着这些冠冕不停地一开一合，发出轻微的扑扑声，几乎要忘记可怕的恶臭味，它们就仿佛一片娇美的海葵。蛆虫有着自己的风韵。

显而易见，如果事物有一定逻辑，一只为防止溺水窒息而采取严密预防措施的蛆虫，想必经常出没于水泽地。它的尾部戴上帽子不仅仅是为了张开时好看。麻蝇蛆虫的身上这个带放射状条纹的附器告诉我们，它所从事的是冒险的工作，开发死尸时它要冒着被淹死的危险。为什么这样说呢？我们回想一下那些用熟蛋白养活的绿蝇蛆虫。食物很合它们的口味，可是在它们的胃蛋白酶作用下，食物变得那么稀，以至于蛆虫被淹死在食物化成的汤里了。那是由于它们尾部和液面平齐的气孔没有任何防护系统，当它们在液体中没有任何依托时就会完蛋。

尽管麻蝇蛆虫是无与伦比的“液化装置”，它们却不曾经历过这种危险，即使是在尸液的沼泽中。它那鼓凸的尾部起着浮子的作用，能使气孔保持在液面上。假如需要潜入到更深的地方去搜索，尾部的海葵便会闭合起来保护气孔。麻蝇蛆虫具有潜水装备，因为它们是卓越的“液化装置”，随时都要为潜入水中做好准备。

对光线的感知

在干燥的地方，为了便于观察，我把它们放在一片纸板上。它们刚被放上去，就活跃地爬动起来，玫瑰红色的气孔打开了，口器抬起、落下，起着支撑的作用。纸板就放在离窗子三步远的办公桌上，这会儿只靠柔和的自然光照明，所有的虫子倾巢出动，全朝着背向窗户的方向爬去，它们急匆匆地疯狂逃窜。

我把纸板掉了个头，没有碰这些逃亡者。这么一搬动就使那些蛆虫面朝窗口了，可是它们马上停下来，犹豫了一下转了个弯，又向背光的地方逃去。在它们爬出纸板前我再次把纸板掉了个头，蛆虫第二次转身往回爬。我反复多次把纸板掉转也是枉然，每一次这些蛆虫都转身，背朝窗户的方向逃跑，它们的执着挫败了我掉转纸板的诡计。

它们活动的范围不大，因为纸板只有三拃的长度。给它们一个更大的空间看看，我将它们放在房间的地板上，用镊子把它们的头转向窗口。然而，它们一旦获得自由，便马上掉转头躲开亮光，用双拐以最快的速度向前挺进。它们大步走过房间的方砖，还差六步远就要碰到墙壁了，这时有的向左爬，有的向右爬，总觉得离这个可恶的光线充足的窗口不够远。

它们逃避的当然是光线，因为如果我用一块屏幕遮挡住光线，再掉转纸板，它们就不会掉转方向了，而是乖乖地朝窗口爬，但是屏幕一拉开，它们马上就会掉头。

对于生来就生活在阴暗处，生活在死尸身下的蛆虫来说，逃避光线是再自然不过的。奇怪的是对光的感知这件事本身。蛆虫是瞎子，在它那尖尖的、称之为头部都有些勉强的前部，绝无任何感光仪的痕迹，在身体的其他部位也没有，它浑身上下长着一样的皮肤，光光的，白白的，滑滑的。

这个瞎子，没有任何视觉器官连接的专门的神经网，却对光极其敏感。它全身的皮肤就像一层视网膜，不用说，它是看不见的，但能辨别明暗。蛆虫在灼热的阳光直射下所表现出的不安就是个简单的证明。就拿我们自己来说吧，单凭我们那比蛆虫粗糙得多的皮肤，用不着眼睛帮忙，也能分辨出日晒和阴凉。

现在，问题变得格外复杂了，我的那些被试者，仅仅是接受了从我实验室窗口透进来的日光，这么柔和的光线也使它们不安，使它们惶恐，它们在逃避难以忍受的暴露，要不惜一切地逃走。

这些逃亡者感觉到了什么？它们是否被化学辐射刺痛了？是否受到了其他一些已知或未知的射线的刺激？或许光还隐藏着许多不为我们所知的秘密。

钻进土里变成蛹

麻蝇蛆虫长足了身体就要钻进土里，在那儿变成蛹。蛆虫埋进土里，显然是为了在变态[①]时得到所需的安宁。钻进泥土还有一个目的，那就是避免光线的干扰。蛆虫尽可能地离群索居，在蜷缩进小桶之前避开世上的喧嚣。

在通常情况下，就是土质疏松，它钻的深度也很少超过一掌宽，因为考虑到自己羽化成成虫后，纤弱的苍蝇翅膀会使破土而出变得困难。在中等深度时，蛆虫可以适当地把自己封闭起来。四周起阻挡光线作用的泥土厚度不一，最厚的地方约 1 分米。这层屏障后面极度黑暗，那是隐藏者的乐园，现在它过得很安宁。如果人为地使周围土层保持在不能满足

① 变态指的是昆虫从幼虫发育为成虫过程中，外部形态、内部结构、生活习性等会发生一系列变化。——编辑注

蛆虫需要的厚度，会发生什么呢？这一回我有解决的办法，我用一个两头开口的玻璃管来做实验，玻璃管长约 1 米，宽为 2.5 厘米。这根管子是我给孩子们上化学小实验课时用的，它能使氢气燃烧的火焰歌唱。

我用软木塞把管子的一头塞起来，然后用筛子筛过的细干沙把管子装满，再把 20 只用肉喂养的麻蝇蛆虫放在管子里的沙土上，管子竖着吊在我实验室的一个角落里。然后我用同样的方法在一个一拃宽的广口瓶里也装上细沙和麻蝇蛆虫。两个容器里的蛆虫变得强壮时，将会钻到适合它们的深度，只要由着它们去就行了。

最后，蛆虫埋进沙里变成了蛹。现在是检查这两个容器的时候了，广口瓶里的结果和我在野外得到的结果相同，蛆虫在大约 1 分米左右的深度，找到了安静的住所，上面有它穿过的土层保护，瓶子里装满的沙正好在四周形成厚厚的保护层。找到了满意的场所后，它们便在那儿安顿下来。

管子里却是另一种情形，埋藏最浅的蛹在半米深处，其他的则埋得更深；大部分甚至钻到了底部，碰到了软土塞这个无法穿越的障碍。显然，如果容器更深一些，它们还会钻得更深。没有一只蛆虫停留在通常所处的深度，全都钻到沙柱的下端，直到力气用尽为止。由于不安，它们才向一个无限的深度逃逸。

它们在逃避什么？光线。穿过的土层在上面形成的保护层，已超过了它需要的厚度；可是四周使它们感到不舒服。假设它们顺着中心轴往下钻，四周只有 12 毫米的保护层，这个厚度使它们一直感到不舒服。为了摆脱这种恼人的感觉，蛆虫继续下行，希望在更下面能够找到一个在上面没能找到的栖息所，直到用尽力气或受到阻挡时，它们才停止前进。

然而在这柔和的光线里，哪些辐射能对这些喜好黑暗的虫子产生影响？这肯定不单单是光辐射的问题，因为一块用夯（hāng）实的沙土做成的 1 厘米多厚的屏障是完全不透光的，应该还有其他已知或未知的辐射，这类辐射能够穿过普通辐射无法穿过的屏障，使蛆虫烦躁，提醒它离外面太近，促使它继续到深不可知的地方寻找隔离所。谁会知道对蛆虫体格的研究能引出多少发现呢？由于没有设备，我只能做一些猜测。

麻蝇蛆虫钻到了 1 米深处，如果器皿够深，它们会钻得更深。这些特异现象是实验手段造成的，如果让它们凭自己的智慧行事，它们永远不会钻得那么深。钻一掌宽的深度就够了，甚至一掌宽还嫌太深了点儿。它们变态完成后，还得回到地面，这可是力气活儿，真可算是被埋藏的挖掘工的劳动。它要与塌下来逐渐占满那挖出来的一点点空间的泥土做斗争。也许它得在没有撬棒，没有镐头的情况下，在相当于凝灰岩的地方，也就是说在被大雨浇实了的土里为自己开一条巷道。

破土而出

钻下去的时候，蛆虫靠的是口针，而钻出来的时候，作为双翅目昆虫，它没有任何工具。刚出壳时，它的肉体还不硬实，是柔弱的。它是怎么出来的呢？我们观察一下装满沙土的试管底部的蛹就会知道。从麻蝇破土而出的方法，我们也就可以知道绿蝇和其他蝇类是怎么破土而出的，因为它们都采用相同的方法。

在蛹壳里的时候，即将羽化的麻蝇首先要借助于长在两眼之间的鼓包，使头部的体积扩大两三倍，让包裹在外面的那层壳爆裂，头部的这个鼓包会搏动，随着交替的充血和消退，鼓包一鼓一瘪，就像个水压机的活塞吸压着泵筒的前部。

头部钻出来后，这个畸形的脑积水患者即使一动不动，额头的鼓包也仍在运作。脱去蛹的紧身衣这一细致的工作，在蛹壳里已完成。在这个过程中，鼓包始终鼓着。这个脑袋简直不像一只苍蝇的脑袋，而是像一顶奇怪的巨大无比的帽子，底部鼓胀起来，形成两顶红色的无边圆帽，那是眼睛，头顶中央裂开，冒出一个鼓包，把两半球分别挤向左右两侧。靠鼓包的压力，苍蝇打通了小酒桶似的蛹壳的底部。这就是蝇类的奇特方式。

为什么打穿了小酒桶后，鼓包还长时间地鼓凸着？我发现那是个杂物袋，昆虫暂时把血储在里面以便减小身体的体积，也便于更轻松地脱掉旧衣服，然后摆脱那个狭窄得像细颈瓶似的蛹壳。在整个羽化过程中，苍蝇尽可能地把大量液体排压出来，注入外面的鼓包中，随着外面的鼓包膨胀起来直至变形，苍蝇的身体就会变小。这个艰苦的出蛹过程要花两小时或更长的时间。

这就是最终脱壳而出的苍蝇。它那发育不全、十分“节俭”的翅膀几乎够不着腹部中央，翅膀的外侧有一条深深的曲线，像小提琴的月牙形缺口，这既减小了翅膀的面积又缩短了长度，为苍蝇穿过泥土柱时减少摩擦提供了最佳条件。

脑积水患者变本加厉地采用它的手段。它使额头上的鼓包鼓起来，瘪下去，被顶起的沙土顺着它的身体往下滑。此时它的腿只起辅助作用，当活塞推动时，它把腿向后绷紧，一动不动用作支撑；当沙土滑下来时，它用足把沙土夯实，并急速地把沙土往后推，然后腿又绷紧不动了，等着下一次沙土滑下来。头部每次向前推进多少，就会有多少沙土去填补身后的空地。前额每鼓胀一次，苍蝇就前进一步。在沙土干燥易流动的情况下，进展比较顺利，只用一刻钟的时间，苍蝇就推进了 1.5 分米的高度。

满是尘土的麻蝇一到达地面便开始梳妆打扮，它最后一次鼓起前额，用前足的跗节仔细地将鼓包刷净。在收起这个隆起的装置，把它变成一个不再裂开的额头以前，必须彻底地把它掸干净，以免把沙砾带进脑袋。翅膀被刷了一遍又一遍；翅膀上面那个小提琴月牙缺口已经消失，翅膀变长了，伸开来。随后苍蝇一动不动地待在沙子的表面，麻蝇完全成熟了。给它们自由吧，它们将会到沙罐里的游蛇身上去与其他苍蝇会合。

麻蝇

腐阎虫和皮蠹

雷沃米尔断言在麻蝇的腹中有两万只胚胎。两万只啊！它建立如此庞大的家族要干什么呢？单单这一代在一年内就要繁殖好几倍，它难道想统治世界？它或许有这种能力。在谈到繁殖力稍差一些的丽蝇时，林奈[①]说过："三只苍蝇吞一匹死马，其速度之快相当于一头狮子吃一匹马。"那么吞食另一种动物的尸体又会怎样呢？

雷沃米尔的话使我们放了心，他说："尽管这些苍蝇的繁殖力惊人，可它们并不比那些长相相似，而卵巢里只有两个卵的苍蝇更常见，前者的幼虫似乎命里注定要成为其他昆虫的食物，很少能幸免。"

那么是哪些昆虫担负着裁员的工作呢？

大师对此提出怀疑和猜测，却没有机会对它们进行观察。我的那些尸坑为我提供了填补这个历史遗留空白的方

① 林奈（1707—1778），瑞典生物学家。他开创了生物学新的分类系统，代表作有《自然系统》。——编辑注

法，它们向我展示了那些担负着消灭众多蛆虫工作的食客所发挥的作用。现在就来说说这些重大的事件。

在攒动的蛆虫那具有溶解力的唾液作用下，一条大游蛇化为了液体。那罐子仿佛成了一个装着尸体化成的乳液的大碗，那爬行动物盘成螺塔形的脊柱露在液面上，那层带鳞片的皮鼓胀起来，在水波中颤动着，仿佛下面有一股波涛起伏的潮水在鼓动那层皮，这是作业队为了找一块合适的场地，在死蛇的皮肉之间来回穿梭。在鳞片结合处的一些蛆虫有时裸露出来，探出尖尖的头部，受到光线的刺激，便赶紧回到鳞片下。气味浓烈的肉汤在旁边的涡旋畦里形成了一道不流动的海峡，成堆的蛆虫大部分肩并肩，一动不动地在进食；玫瑰红色的气孔在水面上开放。蛆虫多极了，好大一片，根本无法计数。

腐阎虫

许多陌生客人参加了蛆虫大宴，最先来的是腐阎虫，就像它的名称告诉我们的那样，这是一种食腐肉的昆虫。在尸体开始渗液之前它们就和绿蝇同时到来了，摆开阵势，看好了那具尸体，或在太阳下相互调戏，或蜷缩在死尸的皮下。不花钱的美餐时间还没到，它们在等待。

腐阎虫虽然住在臭气熏天的地方，却是十分美丽的昆虫。它穿着严实的护胸甲，矮墩墩的，迈着匆匆的小步急火火地往前冲，身上闪闪发亮，好像乌黑的珍珠；肩上有人字形条纹和斜纹，分类学家把这作为腐阎虫的特点记载下来；腐阎虫黑色的鞘翅上带有斑点，光线照上去发生散射，使翅膀的亮度减弱了。它们有些像青铜雕刻品，暗铜色身体上缀着一些光闪闪的斑点，也有些是乌黑的衣服上缀着色彩鲜艳的装饰。具斑腐阎虫的每个翅上都缀着一颗漂亮的橙色星月。总而言之，单单就外在美而言，这些小小的殡葬工不乏优点。在我们的标本盒里，它们显得很神气。

但我们更应关注它们的工作。游蛇淹没在自身的肉化成的肉汤中，蛆虫成群。蛆虫气孔上的冠冕徐缓地一开一闭，在肉液形成的水沼表面形成了一块花桌布，对腐阎虫来说，丰盛的宴席该开始了。

它们仍然在干燥的地方忙碌地往返穿梭，爬上暗礁，爬上爬行动物的褶皱形成的骶（dǐ）岬，在这儿可以避开恶臭的沼泽，对着看中的肉块垂钓。有条蛆虫在岸边，不太大，属于最嫩的那一类。一个贪食鬼看见了它，就谨慎地靠近旋涡。用大颚咬住那条蛆虫，把它拉过来，将它连根拔起。上了岸的小肥肠活蹦乱跳的，可这猎物刚一到干燥的岸上，就被开膛剖腹，被津津有味地嚼碎，被吃得一点儿不剩。一会儿这边钓起一条，一会儿那边钓起一条，贪食者们相安无事，经常是两个同行分享一块猎物。在沿岸各点都有垂钓者在钓蛆虫，但钓到的数量很少，因为大部分“小鱼”在它们不敢冒险靠近的宽绰的深水里，它们从不敢冒险往水里跨一步。然而潮水渐渐退了，水被沙子吸干，被阳光蒸发，蛆虫躲到死尸的身下，腐阎虫也紧随而来，屠杀全面展开了。几天后，掀起游蛇，蛆虫已不复存在，沙土里也同样没有即将变态的蛆虫，游牧族消失了，被吃掉了。

灭杀如此彻底，以至于为了得到一些蛹，我必须采取秘密饲养的方式，以免腐阎虫入侵。那些放在露天的罐子，来访者可自由出入。罐子里不管最初有多少幼虫，最后一只也不会给我留下。在最初的研究中，由于还没有考虑到屠杀，当我发现几天前在某个罐子里还有许多蛆虫，而现在一只也没有了，甚至连沙土里也没找到，我简直惊呆了。假如蛆虫能冒着干旱到远方旅行，我真以为它们全都迁移到别处去了。

爱好吃肥肠的腐阎虫担负着为麻蝇减员的任务，麻蝇的两万个子女中将剩下几个幸存者，仅能使这个家族成员的数量维持在合理的限度内。腐阎虫急急地赶到鼹鼠和游蛇的身边，但是太稀的脓血使它无法靠近，只能在别处凑合着吃几口以维持体力，它等待着蛆虫完成工作，当尸体的“液化”完成后，便开始杀戮那些“液化者”。为了迅速清理掉在地上的生命垃圾，蛆虫这个净化器便过量繁殖，而自己却有了危险。它的数量太多了，因而，当它完成净化工作后旋即被消灭。我在附近搜集了九种腐阎虫，一些是从尸体下面搜集到的，另一些是从垃圾堆里搜集来的，我对它们做了记载。前四种到过我那些罐子里，其中数量最多、干活最卖力、功劳最大的是光泽腐阎虫和脱污腐阎虫。它们4月就来了，和绿蝇到的时间相同。它们怀着与破坏麻蝇家庭同样的热情去破坏绿蝇的家庭，只要那很快能把尸体晒干的炎炎烈日还不足以终止双翅目昆虫的入侵，这两种腐阎虫就会大量聚集在那个恶臭的工地上。秋季天气刚刚转凉，它们就再次出现了。

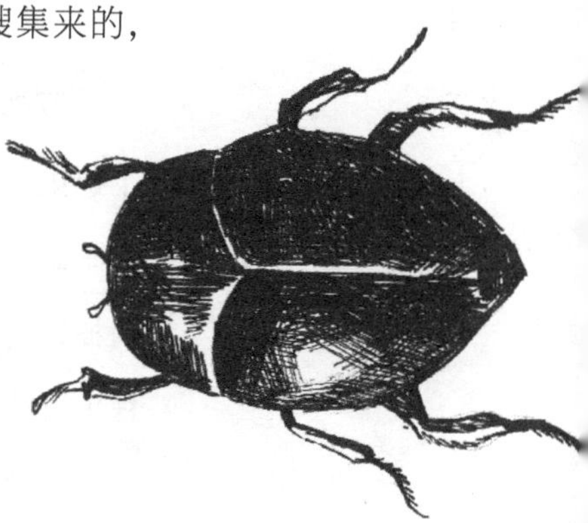

光泽腐阎虫

肉、鱼、禽类和爬行类猎物都合它们的口味。因为蛆虫——它们的美味佳肴，也对这些猎物感到满意。在蛆虫长胖之前，它们先在脓血上抓几条吃，但这不过是开胃酒，是为在蛆虫拱来拱去、长得最丰满时举行的盛宴做准备。

看着腐阎虫那么积极的样子，开始我还以为它们正在忙着繁殖后代，为家庭操劳呢。我曾信以为真，但是我错了，在我的那个尸体作坊里没有它们产的卵，也没有它们的幼虫。它们的家想必是安在别处，看来是在肥料堆和垃圾堆里。3月份，在一个满是鸡屎的鸡舍的地上，我的确找到了它们的蛹，那蛹很容易认出来。成虫到我那臭烘烘的作坊里来，只是为了参加蛆虫的盛宴。任务完成后，在随后的那个季节便回到垃圾堆里，看样子是在里面繁殖后代。冬天一过，它们就跑到死动物身边，来削减过多的麻蝇和绿蝇。

皮蠹

双翅目昆虫的劳动还满足不了卫生的需要。土地吸收了蛆虫提炼出的尸体溶液后，还留下大量无法被蒸发或被太阳晒干的残渣，需要其他的开发者来处理那些木乃伊，啃掉软骨，吃掉肉干，直至那尸体被消灭得只剩下象牙一样光滑的骨头。

皮蠹担负着这项漫长的啃咬工作。两种皮蠹与腐阎虫同时来到我的容器中，它们是波纹皮蠹和拟白腹皮蠹。第一种黑底带细白色波纹，棕红色的前胸点缀着棕色的斑点；第二种个头儿较大，全身黑魆魆的，前胸边缘扑上了一层烟灰色的粉。两者下身都穿着与其他部分形成强烈对比的白色法兰绒服，这似乎与其所从事的职业不相称。

拟白腹皮蠹

身为埋尸者的覆葬甲早已向我们展示了这种对软布料和反差色的癖好，它上身穿一件米黄色的法兰绒

背心，鞘翅上披挂着红色饰带，触角尖镶着一粒橙色绒球。地位卑贱的波纹皮蠹，披着豹皮披肩，穿着带斑纹的白鼬皮齐膝紧身外衣，几乎可以与这位伟大的埋葬工作的承包者媲美。

两种皮蠹数量都很多，两者为着一个共同的目标来到我的那些罐子里，那就是解剖尸体直到只剩下骨头。它们以蛆虫吃剩下的残羹为食，如果蛆虫的工作尚未结束，死尸下面还在渗液，皮蠹便聚在容器周围等待或者一串串地攀在吊索上。在那些急性子制造的混乱中，不时有一些皮蠹摔下来，笨手笨脚的皮蠹被推倒在地，还一下子露出了肚子上的白色法兰绒。马大哈赶紧爬起来，重新攀上绳索。在温暖的阳光下，许多皮蠹正在交尾，这也是一种消磨时间的方式。它们之间并没有为争个好位置或者争块好肉而发生争吵，宴席很丰盛，人人都有份。

终于，食物烹到了火候：蛆虫不见了，全被腐阎虫消灭光了。腐阎虫也所剩无几了，都去别处寻找蛆虫宝库了。皮蠹占有了那具尸体，无限期地在那儿驻扎，即使是在炎热的大伏天，高温和酷暑吓跑了其他所有的昆虫，它也不离开。在这副干枯的空架子的遮蔽下，在鼹鼠那不透风的皮毛帷幔的阴影下面，它咬呀，剪呀，嚼呀，只要骨头上还有一丁点儿可吃的东西，它就不放弃。

食物消耗得很快，因为拟白腹皮蠹还带着一家子，它们的胃口也一样好。父母和年龄参差不齐的幼虫们狂饮大嚼，贪得无厌。至于另一个解剖尸体的合作者波纹皮蠹，我不知道它在哪儿产卵，我那些罐子没有为我提供任何有关的资料，反倒是使我了解到了拟白腹皮蠹的幼虫的情况。

整个春季和夏季的大部分时间，一大群成虫带着那些长相丑陋、长着刺一般可怕的黑汗毛的小家伙躲在尸体下面。幼虫的背部是沥青色，中间横贯着一条红饰带，朝下的一面有一抹银白色，预示着成年时将会变成白色的法兰绒，倒数第二节的上方有两个弯角，这是专门帮助幼虫迅速滑进骨缝的爪钩。

这块开发物看起来很沉寂。外面寂静无声，我把它揭起来，顿时发现那儿多么热闹，多么嘈杂。背上毛茸茸的幼虫受到突然射进来的光线惊扰，钻进残渣堆里，以及骨骼中的隐蔽地带。柔韧性较差的成虫局促不安，迈着小碎步跑开了，它们要尽量把自己掩藏好。皮蠹消失了，让它们躲在阴暗处吧，它们将继续进行被打断了的工作。7 月我们将会发现那里只有垃圾和尸体遮蔽着的蛹。

埋葬虫

如果说皮蠹不屑在地下变态，而满足于用吃剩下的尸体残渣做掩护，那另一个尸体开发者——埋葬虫可就不是这样。光顾我那些罐子的有两种埋葬虫：皱葬甲和暗葬甲。尽管它们常来造访，而我的那些容器却没能为我提供任何关于它们的具体情况，也许是我动手太迟了。它们通常是皮蠹和腐阎虫的合作者。

皱葬甲

冬末，我的确在一只癞蛤蟆身下发现了皱葬甲的家小，总共 30 来只赤身裸体的幼虫，黑里透亮，身子扁平，呈尖拱形，腹板末节两侧各有一颗向后冲的齿，倒数第二节有短汗毛。幼虫缩在那只干瘪的、被掏空了的癞蛤蟆的阴暗腹腔里，撕咬着经太阳长时间烤晒而变成了棕色的、干硬的储藏物。

残葬甲

大约是5月的第一个星期，它们钻入泥土中，各自挖了一个圆形的巢。那些蛹始终醒着，只要受到一点点儿干扰，就会用尖尖的肚子着地，迅速使肚子晃晃悠悠转动起来，先顺着一个方向旋转，随后又顺着另一个方向旋转。月底，成虫钻出了地面。看样子到我的罐子里来的那些是在春季早熟的同类，它们是来觅食而不是来产卵的，繁殖后代则要推迟到下一个季度。

有关残葬甲的情况我想简略地谈一下。它们当然到我的罐子里来过，但未久留。那些尸体通常超出了它们的埋葬能力。此外，就算那尸体适合它，我也会反对它的行动。我需要的是露天开发，而不是隐蔽的开发。如果这掘墓人坚持要干，我也会给它找麻烦，阻止它的行动。

带马刺蛛缘蝽

我们来看看其他的昆虫，这位勤劳的来访者是谁？它们每次都是四五个一组，很少多于这个数。这是一种半翅目昆虫，一种身体苗条的带有臭味的昆虫。它长着红色的翅膀，鼓胀的后腿有锯齿，叫带马刺蛛缘蝽，是猎蝽的近族。奇怪的是它们以爆炸的方式产卵，它的卵有一个爆炸系统。它也重视捕猎，但这个特点与前一个特点相比，显得多么平淡无奇啊！我看见它在那些尸体上徘徊，在寻找已被啃干净且被太阳晒得发白的骨头。合适的猎物找到了，它把喙贴在上面，过了一会儿就不动了。

凭借它那细得像髦（máo）毛似的坚韧的工具，它能

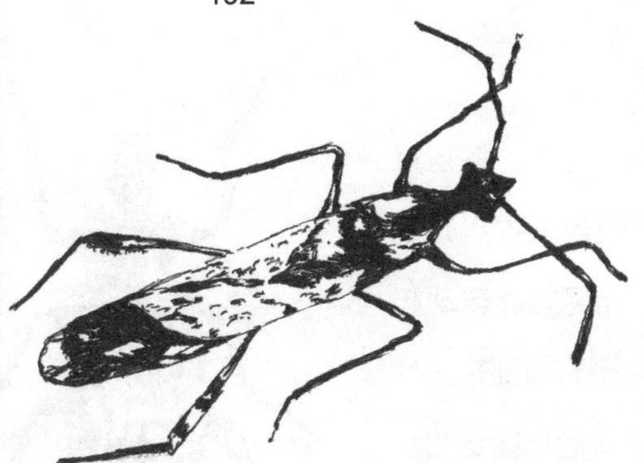
带马刺蛛缘蝽

从这块骨头上吸到什么呢？我百思不得其解。这块骨头的表面那么干，也许它是在搜索皮蠹刻刀一般的大颚留下的光滑痕迹。作为一个次要的开发者，它只是在别人已收割过的地里拾取掉落的麦穗。我多么想更进一步观察这位吸骨者的生活习性，获得它们的卵，并期望发现卵爆炸时的一些小秘密。我的希望破灭了。被监禁在一个装着生活必需品的广口瓶里的带马刺蛛缘蝽，渐渐地因思乡而死去。在尸坑里停留之后，它需要在附近的迷迭香上自由飞翔。

隐翅虫

最后来看一下隐翅虫。这是个长着短鞘翅的昆虫，到我那些罐子里来的有两类，两者都是垃圾堆的客人，它们是褐足隐翅虫和颚骨隐翅虫。我的注意力主要放在后者这个家族巨人的身上。

黑底带灰绒条纹，大颚发达的颚骨隐翅虫，到我这里来时不是成批的，总是一只一只地来。它会突然间飞来，也许是从附近的垃圾堆来。它降落到地面，曲起肚皮，张开钳子，猛地扎进鼹鼠的皮毛中。那强有力的钳子，刺向充满气体的发青的鼹鼠皮，脓血渗了出来，这个贪吃鬼，贪婪地吮吸起来，仅此而已。不久它便同来的时候一样，一阵风似的飞走了，没有为我提供更多的观察机会。这只大隐翅虫来此只是为了吃上一顿腐败的菜肴，它的家想必是在附近的马厩周围的垃圾堆里，我情愿看见它在我的尸体堆里安家。

隐翅虫的确是一种奇异的昆虫。它那缩小的鞘翅刚够遮住肩膀，凶狠的大颚弯曲呈秤钩状，那光溜溜的长长的腹部好像和身体分了家，可以抬起并挥舞，那样子真令人担心。

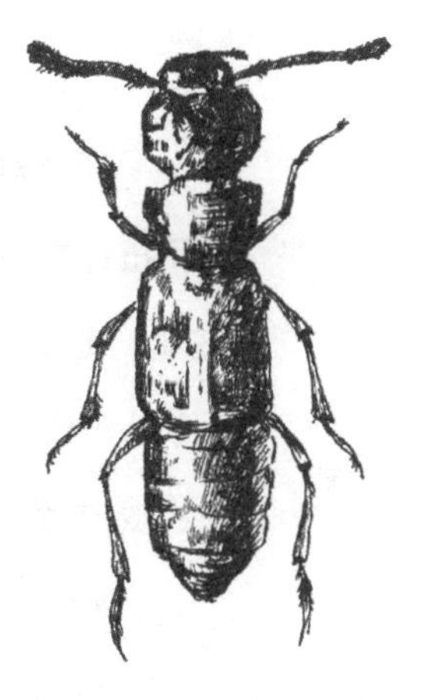
颚骨隐翅虫

我决意要了解它的幼虫的情况。由于没能从鼹鼠的拜访者那儿了解到，我便到它的邻类那儿了解，这两种昆虫体形差不多大。

冬天我搬起小路旁的石头，常常见到芬芳隐翅虫的幼虫。难看的幼虫，形状和成虫没什么不同，身长 2.5 厘米，头部和胸部很漂亮，黑里透亮；腹部呈棕色，有稀疏的直立的汗毛，头顶扁平，大颚是黑色的，很锋利，张开时像一把修剪树枝用的可怕的钩形刀，直径比两个脑袋加起来还宽，只要见到这弯弯的匕首，就能猜想到这个强盗的习性了。这种昆虫身上最奇怪的武器是从肛门口伸出的一根像硬管似的尾须，它与身体轴线垂直，是个运动器官，是肛门支架。当隐翅虫前进时，它的后部支在地上，用这根杠杆从后面发力，腿同时向前用力。

这个拄拐杖者无法和同类和睦为邻，在同一块石头下，我极少能找到两只幼虫。即使有这种机会，其中总有一只处于可悲的状况，被另一只当作日常的猎物吞吃了。我们来看吞食同类的两只昆虫的一场搏斗。它们都渴望吃掉对方。我把两只同样健壮的幼虫放在铺着新鲜沙土的玻璃杯竞技场里，它们一碰面，就突然站立起来，往后一闪，6条腿腾空而起，带钩的大颚张得老大，肛门支架牢牢撑地。它们在采取大胆的进攻和防御姿势时显得特别勇敢，这会儿是了解这个支架的作用的最好机会。当幼虫可能被对方剖腹吞食时，它只能靠肚子和后面的那条管支撑，6条腿不起作用，而是不停地自由挥动着，准备拖住对方。

两个对手面对面站着，谁将能把对方吃掉呢？那要看运气了，威胁和扭打之后，战斗不会持续多久。其中一只也许是在扭打中侥幸占了上风，或者是由于身体配合较好，一口咬住了对方的脖子，这下胜券在握了，被击败的一方没有任何反抗的可能，它鲜血流淌，这已构成了凶杀。当战败者一点儿动静都没有了的时候，战胜者便把它吃了，只留下那张过于坚硬的皮。

这是一次疯狂的同类残杀。是不是饥饿迫使它们相互残杀呢？我看不像。尽管事先已经吃饱了，而且我慷慨提供给它们的丰富食品还多的是，这些异教徒残杀起同伴来反而更来劲。我白白在它们面前堆满了它们爱吃的食物：美味的小肥膘——金龟子的小幼虫和为免倒了宾客胃口而压得半碎的软体动物轧花蜗牛。刚刚吃下一堆与身体差不多大小的食物的两个强盗一见面，就站立起来，相互挑衅，厮咬，直到其中的一个被咬死；紧接着是可憎的吞食场面。吃掉被咬死的同类，似乎是天经地义的规矩。

一只被囚禁的雄螳螂被同伴吃掉，是由正值发情期的雌螳螂失控造成的。粗暴的嫉妒者雌螳螂如果比雄螳螂更强壮，为了摆脱情敌，唯有吃掉雄螳螂。这种异常的创世方法可以追溯得更远，尤其是猫和兔子，素来有把妨碍它们满足情欲的子女吞食掉的习惯。

在我的广口瓶里和田野中的扁平石头下，芬芳隐翅虫却没有借口，它自幼对交尾期的纷争就无动于衷，遇到的同类也并不是它的情敌；然而，它们却无缘无故地相互惧怕，相互残杀，一场殊死搏斗将决定谁被吃掉，谁吃掉对方。

在我们的语言中有“吃人肉”一词，用来指可怕的人吃人的行为，却没有一个词能表示动物中同类之间发生的类似行为。这一人尽皆知的词似乎还意味着，这个词对人类这种崇高与卑劣的混合体以外的任何动物都毫无意义。格言说，狼不相残。那么芬芳隐翅虫使这句格言成了谎言。

这是怎样的恶习啊！当长着利颚的隐翅虫来光顾我那略微发臭的鼹鼠和游蛇时，我多么想了解它们这种习性的缘由，但是它们拒绝把秘密告诉我，总是一吃饱就离开那个尸体堆。

好书推荐

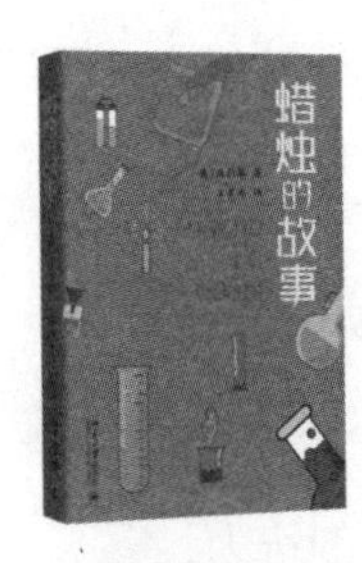

蜡烛的故事

［英］法拉第 著
王其冰 译

博物学经典丛书

1. 雷杜德手绘花卉图谱
2. 玛蒂尔达手绘木本植物
3. 果色花香——圣伊莱尔手绘花果图志
4. 休伊森手绘蝶类图谱
5. 布洛赫手绘鱼类图谱
6. 自然界的艺术形态
7. 天堂飞鸟——古尔德手绘鸟类图谱
8. 鳞甲有灵——西方经典手绘爬行动物
9. 手绘喜马拉雅植物
10. 飞鸟记
11. 寻芳天堂鸟
12. 狼图绘：西方博物学家笔下的狼
13. 缤纷彩鸽——德国手绘经典

生态与文明系列

1. 世界上最老最老的生命
2. 日益寂静的大自然
3. 大地的窗口
4. 亚马逊河上的非凡之旅
5. 生命探究的伟大史诗
6. 食之养：果蔬的博物学
7. 人类的表亲
8. 土壤的救赎
9. 十万年后的地球：暖化的真相
10. 看不见的大自然
11. 种子与人类文明
12. 感官的魔力
13. 我们的身体，想念野性的大自然
14. 狼与人类文明

自然博物馆系列

1. 蘑菇博物馆
2. 贝壳博物馆
3. 蛙类博物馆
4. 兰花博物馆
5. 甲虫博物馆
6. 病毒博物馆
7. 树叶博物馆
8. 鸟卵博物馆
9. 毛虫博物馆
10. 蛇类博物馆
11. 种子博物馆

西方博物学文化
风吹草木动
极地探险
沙漠大探险
美妙的数学
中国最美的地质公园
穿越雅鲁藏布大峡谷

徐仁修荒野游踪系列

大自然小侦探
村童野径
与大自然捉迷藏
仲夏夜探秘
思源垭口岁时记
家在九芎林
猿吼季风林
自然四记
荒野有歌
动物记事
探险途上的情书（上、下）

跟着名家读经典丛书

中国现当代小说名作欣赏
中国现当代诗歌名作欣赏
中国现当代散文戏剧名作欣赏
先秦文学名作欣赏
两汉文学名作欣赏
魏晋南北朝文学名作欣赏
隋唐五代文学名作欣赏
宋元文学名作欣赏
明清文学名作欣赏
外国小说名作欣赏
外国散文戏剧名作欣赏
外国诗歌名作欣赏

彩绘唐诗画谱
彩绘宋词画谱

中华人文精神读本（珍藏版）（上、中、下）
听北大名家讲中华历史文化故事（上、下）
最美的唐诗
最美的宋词
最美的元曲
最美的散文

中国孩子最喜爱的国学读本（漫画版）·小学卷（上、中、下）
中国孩子最喜爱的国学读本（漫画版）·中学卷（上、中、下）

新人文读本（第2版）·小学低年级（4册）
新人文读本（第2版）·小学中年级（4册）
新人文读本（第2版）·小学高年级（4册）
新人文读本（第2版）·初中（6册）

李四光纪念馆系列科普丛书

听李四光讲地球的故事
听李四光讲古生物的故事
听李四光讲宇宙的故事

垃圾魔法书（中小学生环保教材）
小论文写作7堂必修课
——美国中小学生研究性学习特训方案